スバラシク面白いと評判の

初めから始める数学A 改訂8 revision

馬場敬之

マセマ出版社

　みなさん，こんにちは。数学の**馬場敬之（ばばけいし）**です。高校生活にも随分慣れてきた頃だと思う。でも，**高校で習う数学**は中学時代の数学に比べて，**質・量ともに大幅にグレードアップ**するので，そのギャップに苦しんでいるかも知れないね。このギャップを埋め，中学数学から高校数学へスムーズに橋渡しをするのが，**「初めから始める数学」シリーズ**の目的なんだね。

　この**「初めから始める数学A　改訂8」**は，**「同　数学I」**の続編で，**偏差値40前後の数学アレルギー状態の人**でも理解できるように，文字通り**中学レベルの数学からスバラシク親切に解説**した，臨場感溢れる講義形式の参考書なんだね。そして，**「同　数学I」**では数学Iの内容を扱い，この**「初めから始める数学A　改訂8」**では**数学Aの全分野を基本から詳しく解説**した。

　数学Aは選択科目なんだけれど，"場合の数と確率"，"整数の性質"，そして"図形の性質"と重要なテーマが目白押しなんだね。エッ，難しそうだって？　そうだね，いずれも手ごわいテーマばかりだね。でも，大丈夫！前回の**「同　数学I」**のときと同様，この**「初めから始める数学A　改訂8」**でも，**豊富な図解と例題**，それに**語り口調の楽しい解説**で分かりやすく教えていくから，すべて理解できるはずだ。また，たとえ途中で難しく感じるところが出てきても，あきらめる必要なんてまったくない！　そのときは少し休憩したってかまわない。そして，元気になってまた再チャレンジすればいいんだね。要は**この本と最後まで楽しみながら付き合って**くれたらいいんだよ。そうすれば，必ず実力が付いていくはずだ。

　ボクの長い指導経験からいって，数学って，"きっかけ"さえつかめれば，**実力を大きく伸ばしていく**ことができる。この本を読めば，数学的な考え方，解法のパターン，計算テクニック等々，数学の基本が身に付くので，そのきっかけをつかむことができる。目前の定期試験，将来の受験対

策など，目的は何だってかまわない。一旦，きっかけさえつかめば，後は**自分の目標，夢に向かって**大きく羽ばたいていってくれたらいいんだよ。

この本は **14 回の講義形式**になっており，流し読みだけなら **2** 週間で読み切ってしまうこともできる。まず，この「**流し読み**」により，数学 **A** の全体像をつかむといいと思う。でも，「**数学にアバウトな発想は通用しない！**」ことを肝に銘じてくれ。だから，必ずその後で「**精読**」して，講義や，例題・練習問題の解答・解説を完璧に**自分の頭でマスター**するように努めよう。

そして，自信が付いたら今度は，解答を見ずに「**自力で問題を解く**」ことを心がけてくれ。エッ，もし解けなかったらって？　そのときは，再チャレンジすればいいんだよ。そして，自力で解けたとしても，まだ安心してはいけないね。人間は忘れやすい生き物だから，その後の「**反復練習**」をシッカリやることだ。**練習問題**には **3** つのチェック欄を設けておいた。**1** 回自力で解く毎に“○”を付けていけばいい。最低でも **3** 回は自力で問題を解くことだ。その後も，納得がいくまで何度も練習しよう！

「**流し読み**」，「**精読**」，「**自力で解く**」，そして「**反復練習**」，この **4** つがキミの実力を本物にしてくれる大切なプロセスなんだ。ここまでやれば，数学の基礎力がシッカリ固まるんだよ。どう？　やる気が湧いてきた？

マセマの参考書・問題集はすべて，初学者でも分かりやすいように親切に作られているんだけれど，その本質は，大学の数学や物理学の分野で，「**東大生が一番読んでいる参考書**」と言われる程，その内容は本格的な

「キャンパス・ゼミ」シリーズ販売実績 生活協同組合連合会 大学生活協同組合東京事業連合 [2017 年，2018 年] 調べによる

ものなんだ。だから，選び抜かれた良問と親切な解説のマセマの参考書で，キミの実力は確実に大きく伸びていくはずだ。サァ，頑張ろう！

マセマ代表　馬場 敬之（けいし）

この改訂 **8** では，合同式を利用して解く証明問題を新たに加えました。

◆ 目 次 ◆

第3章　図形の性質

第 1 章
CHAPTER

場合の数と確率

テーマ

- ▶ 和の法則と積の法則

- ▶ さまざまな順列の数

- ▶ 組合せの数 $_nC_r$ とその応用

- ▶ 確率の基本

- ▶ 独立な試行の確率と反復試行の確率

- ▶ 条件付き確率

すべりだし
OK!

1st day　和の法則と積の法則

　みんな，おはよう！　サァ，今日から気持ちも新たに，数学 A の "**場合の数と確率**" について，講義を始めよう。まず，"**場合の数**" から解説を始めるけれど，これは，数学 I で学習する有限集合の要素の個数と方法論がソックリなので，それと対比しながら解説しよう。もちろん，"**場合の数**" 独特の考え方もあるので，これは別に詳しく教える。今回は，"**場合の数**" の中でも最も基本となる "**和の法則**"，"**積の法則**"，そして "**辞書式**" や "**樹形図**" と呼ばれる場合の数え上げの方法について，詳しく話していこうと思う。これで，場合の数の基礎が固まるんだよ。シッカリマスターしような。

● 場合の数って，集合の要素の個数と似てる !?

　数学 I の "**集合**" のところで，有限集合 A の要素の個数を $n(A)$ と表わすことはすでに勉強したね。ここで，この集合 A をある "ことがら" または

> まだの人は，「初めから始める数学 I」で，先に学習することを勧める！

"**事象**" と考えることにしよう。エッ，よく分からないって？　いいよ，これから詳しく話すからね。まず，"**ことがら**" と "**事象**" とは同じことで，数学では一般に "**事象**" の方をよく用いるので，この言葉をまず覚えよう。

　具体的には，たとえば，1 つのサイコロを 1 回投げて，"3 以上の目が出ること" を事象 A とおくことができる。この場合，事象 A に対応するサイコロの目は，当然 3，4，5，6 ということになるので，事象 A を $A = \{3，4，5，6\}$ のように表すことができるだろう。エッ，集合とソックリだって？　その通りだね。そして，集合 A の要素の個数を $n(A)$ とおいたのと同様に，今回は事象 A の "**場合の数**" として $n(A) = 4$ とおくことができる。事象 A としては，3，4，5，6 の目の 4 つの場合が考えられるから，当然事象 A の場合の数として，$n(A) = 4$ とおけたんだね。

ジョーカーを除くトランプカードから "**無作為に**" 1 枚のカードを引いて，

> "でたらめに"，"ランダムに" という意味

それが，"ハートのカードであること" を事象 B とおこう。すると，事象

8

B には，ハートのエース (**1**) からキング (**13**) まで，<u>**13**</u> 通りのカードがあり得るので，事象 B の場合の数は $n(B) = \underline{\underline{13}}$ となる。

さらに例を言っておこう。**1** から **10** までの番号の書かれた同形の **10** 個のボールの入った袋から無作為に **1** 個のボールを取り出すとき，それが "奇数の番号のついたボールであること" を事象 C とおくよ。すると，**1**，**3**，**5**，**7**，**9** の <u>**5**</u> つの番号の書かれたボールが考えられるので，事象 C の場合の数 $n(C)$ は $n(C) = \underline{\underline{5}}$ と表せるんだね。大丈夫？

ここで，集合のところで勉強した集合 A，全体集合 U，補集合 $\overline{A}$ は，事象では，それぞれ事象 A，**全事象** U，そして**余事象** $\overline{A}$ と表される。これは，図 **1** に示すように，集合のベン図と同様のものを考えてくれたらいいんだよ。では，集合と事象での用語の使い方を対比してまとめて示す。

図 1 事象 A，全事象 U，余事象 $\overline{A}$

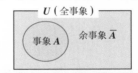

事象と集合の用語の対比（I）

(1) 事象	(2) 集合
(i) 事象 A	(i) 集合 A
(ii) 全事象 U	(ii) 全体集合 U
(iii) 余事象 $\overline{A}$	(iii) 補集合 $\overline{A}$

どう？　言葉は違うけど，概念は集合のときとまったく同じなんだね。**1** つのサイコロを **1** 回投げる例でいくと，**1** 回サイコロを投げて出る目は，**1**，**2**，…，**6** の **6** つの目のいずれかだから，この全事象 U は $U = \{1, 2, 3, 4, 5, 6\}$ となる。そして，**3** 以上の目が出ることを事象 A とおいたので，事象 $A = \{3, 4, 5, 6\}$ となるね。また，余事象 $\overline{A}$ は，全事象 U のうち，事象 A が起こらない事象のことなので，$\overline{A} = \{1, 2\}$ となる。さらに，それぞれの場合の数は，$n(U) = 6$，$n(A) = 4$，$n(\overline{A}) = 2$ となるので，

$$n(U) = n(A) + n(\overline{A})$$ が成り立つこと

$$\boxed{} = \bigcirc + \boxed{\bigcirc}$$

も集合のときとまったく同じなんだね。どう？　違和感なく入っていけるだろう？

9

● まず，和の法則と積の法則を押さえよう！

では，次 "**場合の数**" の計算の基礎となる "**和の法則**"（わのほうそく）と "**積の法則**"（せきのほうそく）について，解説しよう。その定義は，次の通りだ。

■ 和の法則と積の法則

2つの事象 A，B があって，事象 A の起こり方が m 通り，事象 B の起こり方が n 通りあるものとする。

(I) 和の法則

2つの事象 A，B は同時には起こらないものとするとき，
A または B の起こる場合の数は，$m+n$ 通りである。

(II) 積の法則

事象 A，B が共に起こる場合の数は $m \times n$ 通りである。

> "A が起こり，かつ B が起こる" ということ

この 2 つの法則の意味を単純化して言うと，2 つの事象 A，B について，

$\begin{cases} (\text{I}) \ A \ \text{または} \ B \ \text{の起こる場合の数は} \ m+n \ \text{通り。} & \leftarrow \boxed{\text{和の法則}} \\ (\text{II}) \ A \ \text{が起こりかつ} \ B \ \text{が起こる場合の数は} \ m \times n \ \text{通り。} & \leftarrow \boxed{\text{積の法則}} \end{cases}$

ということなんだね。つまり，条件は付くけれど，(I) "または" ときたら "たし算（＋）"，(II) "かつ" ときたら "かけ算（×）" と覚えよう。それじゃ，この **和の法則** と **積の法則** を，P 地点から Q 地点に向かうロードマップの例で示しておこう。

(I) 和の法則

図 2 に示すように，P から Q に向かう道が大きく A，B の 2 つに分岐している場合を考えよう。A の道は途中でさらに小さな 2 つの道 a_1，a_2 に分かれていて，B の道も途中 b_1，b_2，b_3 の 3 つの小さな道に分岐しているものとしよう。

ここで，A の道を通る場合，a_1，a_2 の枝分かれがあるので，2 通りの行き方がある。また，B の道を通る場合は，b_1，b_2，b_3 の 3 通りの行き方があるんだね。以上より，P から Q に行く行

図 2 和の法則

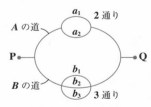

A または B の道を通って，
P から Q に行く場合の数は
2＋3＝5 通り ← $\boxed{\text{和の法則}}$

き方は何通りになる？…，そうだね。A の道か，または B の道をとり，それぞれの行き方として 2 通りと 3 通りがあるから，トータルとして P から Q へ向かう場合の数は，和の法則より，

2＋3＝5 通り　となるんだね。

　この場合，A の道をとるか，B の道をとるか，いずれか一方をとらないといけないこと，つまり，A，B の 2 つの道を同時にとることはないことが，和の法則が使える重要な前提条件になっているんだよ。これで，和の法則についてもよく分かったと思う。

(Ⅱ) 積の法則

　　図 3 に示すように，P から A の道を通って R に行き，さらに R から B の道を通って Q に行くものとするよ。

　　ここで，P から R に向かう A の道は途中 a_1，a_2 の 2 つの小さな道に枝分かれし，また，R から Q に向かう B の道も，途中 b_1，b_2，b_3 の 3 つの小さな道に分岐している。

図 3 積の法則

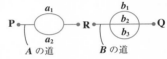

A の道を通りかつ B の道を通って，P から Q に行く場合の数は，

2×3＝6 通り　←積の法則

　　このとき，P から R を経由して Q に行く場合の数は何通りになるか分かる？…，そう。P から R に行くのに A の道を通るので，まず 2 通りだね。かつ，R から Q に行く B の道は 3 つに分岐しているので 3 通りある。A を通り，かつ B を通るので，P から Q へ行く場合の数は，積の法則より，

2×3＝6 通り　となるんだね。

　以上で，和の法則，積の法則についても具体的に理解できただろう？　実際にさまざまな場合の数を計算するとき，"たし算"なのか，"かけ算"なのか，よ〜く考える習慣をつけておくんだよ。

● 和の法則をさらに深めよう！

集合のところで，A と B の和集合 $A \cup B$ の要素の個数 $n(A \cup B)$ が次のように計算できたのを覚えているかい？

（ⅰ）$A \cap B = \phi$ のとき，$n(A \cup B) = n(A) + n(B)$

$$\left[\quad \bigcirc\bigcirc \quad = \quad \overset{\text{ペタン}}{\bigcirc} \quad + \quad \overset{\text{ペタン}}{\bigcirc} \quad \right]$$

（ⅱ）$A \cap B \neq \phi$ のとき，$n(A \cup B) = n(A) + n(B) - n(A \cap B)$

$$\left[\quad \bigcirc\!\!\!\bigcirc \quad = \quad \overset{\text{ペタン}}{\bigcirc} \quad + \quad \overset{\text{ペタン}}{\bigcirc} \quad - \quad \overset{\text{ピロッ}}{\oslash} \quad \right]$$

これら **2** つの公式は，事象の場合の数の計算においても同様に利用することができる。でもその前に，集合で "和集合 $A \cup B$"，"共通部分 $A \cap B$"，そして，"空集合 ϕ" と呼んでいたものが，事象の分野では，それぞれ "**和事象** $A \cup B$"，"**積事象** $A \cap B$" そして "**空事象** ϕ" と呼ぶことも覚えておこう。

事象と集合の用語の対比（Ⅱ）

（1）事象	（2）集合
（ⅰ）和事象 $A \cup B$	（ⅰ）和集合 $A \cup B$
（ⅱ）積事象 $A \cap B$	（ⅱ）共通部分 $A \cap B$
（ⅲ）空事象 ϕ	（ⅲ）空集合 ϕ

ここで，**2** つの事象 A，B について，$A \cap B = \phi$（空事象）のとき，A と B は「互いに "**排反**" である」とか，「"**排反事象**" である」ということも覚えておこう。

図 **4** は，$A \cap B \neq \phi$，すなわち A と B が互いに排反でないときの，和事象 $A \cup B$ と積事象 $A \cap B$ のイメージを示したものだ。このとき，和事象 $A \cup B$ は "横に寝かせたダルマさん" になり，積事象 $A \cap B$ は "柿の種" の部分になるんだね。

図 4　和事象と積事象
（$A \cap B \neq \phi$ のとき）

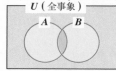

（ⅰ）和事象 $A \cup B$

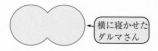

←横に寝かせたダルマさん

（ⅱ）積事象 $A \cap B$

←柿の種

　さァ，ここまで理解したうえで，もう **1** 度 "和の法則" を見てみよう。すると，和の法則では，"A と B は同時に起こらないとき" という前提条件が付いているけれど，これはとりもなおさず "$A \cap B = \phi$"，すなわち "A と B が互いに排反のとき" と言っているんだね。この $A \cap B = \phi$ のときであれば，

積事象 (2 重に重なる部分) がないわけだから，A または B の起こる場合
の数 $n(A \cup B)$ は，

$$n(A \cup B) \;=\; n(A) \;+\; n(B)$$

$$\left[\; \bigcirc\!\bigcirc \;=\; \overset{\text{ペタン}}{\bigcirc} \;+\; \overset{\text{ペタン}}{\bigcirc} \;\right]$$

$(A \cap B = \phi \text{ のとき})$

和の法則

で計算できるんだね。

　だから，"和の法則" が使えるのは，A と B が互いに排反 ($A \cap B = \phi$)
のときに限るんだね。

　もし，排反でないとき，すなわち $A \cap B \neq \phi$ のときであれば，当然
$n(A \cup B)$ は，

$$n(A \cup B) \;=\; n(A) \;+\; n(B) \;-\; n(A \cap B) \quad \text{と計算しなければいけないね。}$$

$$\left[\; \bigcirc\!\!\bigcirc \;=\; \overset{\text{ペタン}}{\bigcirc} \;+\; \overset{\text{ペタン}}{\bigcirc} \;-\; \overset{\text{ピロッ}}{\diagdown} \;\right]$$

　それじゃ練習問題を 1 題やっておこう。

練習問題　1	$n(C \cap D)$ の計算	CHECK 1	CHECK 2	CHECK 3

**1 から 10 までの番号の書かれた同形の 10 個のボールが入った袋から 1
個のボールを取り出す。ここで，2 つの事象 C, D を**

　C：取り出したボールの番号が奇数

　D：取り出したボールの番号が 7 以上

とおく。和事象 $C \cup D$ の場合の数 $n(C \cup D)$ を求めよ。

　$C \cap D \neq \phi$ で，C と D は互いに排反ではないから，$n(C \cup D)$ の計算は，ペタ
ン，ペタン，ピロッ！ のパターンだね。

　2 つの事象 C, D を，ボールに書かれた番号で表すと，

　$C = \{1,\ 3,\ 5,\ \underline{7},\ \underline{9}\}$，$D = \{\underline{7},\ 8,\ \underline{9},\ 10\}$ となるので，
この積事象は，$C \cap D = \{\underline{7},\ \underline{9}\}$ となる。

　よって，和事象 $C \cup D$ の場合の数 $n(C \cup D)$ は

$$n(C \cup D) \;=\; n(C) \;+\; n(D) \;-\; n(C \cap D)$$

$$\left[\; \bigcirc\!\!\bigcirc \;=\; \overset{\text{ペタン}}{\bigcirc} \;+\; \overset{\text{ペタン}}{\bigcirc} \;-\; \overset{\text{ピロッ}}{\diagdown} \;\right]$$

$$ \;=\; 5 \;+\; 4 \;-\; 2 \;=7 \text{ ということだね。}$$

● "数え上げ"では，体系立てて求めよう！

"場合の数"の計算では，"順列"や"組合せ"が重要な役割を演じるんだけれど，それは次回以降に教えることにし，今回は，具体的に"場合の数"を数え上げる方法について，シッカリ教えようと思う。まず，数え上げで最も重要なものは"辞書式"と"樹形図"と呼ばれる方法だ。次の例題で，具体的にマスターできると思うよ。

(a) 異なる5つの文字 a, b, c, d, e から，異なる3つを選び出す場合，その組合せをすべて示して，その組合せの数を求めてみよう。

a, b, c, d, e から，3つの文字を取り出した組合せを調べるために，(b, e, c), (c, a, e), (d, b, a), …などと気まぐれに並べていたんじゃ，一体全部で何通りになるか，途中で分からなくなってしまうだろう。

つまり，3個の文字を並べるのにも，体系立てて，システマティックにやっていく必要があるんだね。これが"辞書式"と呼ばれるものなんだ。辞書では単語が，アルファベット順にキレイに並んでいるだろう。これと同様に，a, b, c, d, e の5文字から3つを選んだものも，辞書のようにアルファベット順に並べていけばいいんだよ。

(i) まず，最初の2文字は a, b が初めに来るので，

(a, b, c), (a, b, d), (a, b, e) の3通り

(ii) 次に来るのは，a, c が頭に来るものだね。

(a, c, d), (a, c, e) の2通り

(iii) 次は，a, d が頭に来るね。

(a, d, e) の1通り

(iv) 次は，b, c が先頭に来るので，

(b, c, d), (b, c, e) の2通り

(v) 次は，b, d が頭に出て来るはずだ。

(b, d, e) の1通り

(vi) 最後は，c, d が先頭に来て，これで最後だね。

(c, d, e) の1通り

以上 (i) ～ (vi) より，全部で，

14

(a, b, c), (a, b, d), (a, b, e), (a, c, d), (a, c, e),

(a, d, e), (b, c, d), (b, c, e), (b, d, e), (c, d, e) の 10 通り

ということになる。どう，キレイに辞書の単語のように並んでいるのが分かるだろう。これは，数字についても，小さい順 (または大きい順) にキレイに並べると，間違いなく場合の数が求まるんだよ。

では，もう 1 つの数え上げの手法として，"**樹形図**" についても同じ例題で紹介しておこう。これも発想は辞書式と同じアルファベット順を基にしているんだけれど，その表現が次のように，木の枝のように枝分かれした形で表現するので，樹形図と呼ばれるんだね。

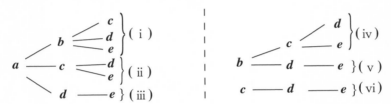

どう？辞書式で数え上げた (i) ～ (v) と対応させておいたので，意味はよく分かったと思う。数え上げの作業では辞書式で十分と思うけれど，確率の問題などで，この樹形図が役に立つこともあるので頭に入れておこう。

それじゃ，もう 1 題，"**辞書式**" の練習をしておこう。

(b) E, F, I, L の 4 文字を辞書式に並べたとき，"*FILE*" という単語は何番目に現れるか調べてみよう。

　サァ，辞書式にこの 4 文字を並べてみると，

　　<u>*EFIL*</u>，　<u>*EFLI*</u>，　<u>*EIFL*</u>，　<u>*EILF*</u>，　<u>*ELFI*</u>，　<u>*ELIF*</u>，

　　<u>*FEIL*</u>，　<u>*FELI*</u>，　<u>*FIEL*</u>，　$\boxed{FILE}$，　…　となるので，

　　　　　　　　　　　　　　$\boxed{\text{ファイルが出て来た！}}$

　FILE という単語は 10 番目に現れることが分かるね。そして，*LIFE* (生命) は，辞書式で並べると 1 番最後になるから，これは 24 番目になる。ンッ，全部並べてもいないのに，何故すぐに分かるのかって？　その種明かしは，次回の講義ですることにしよう。

(1) A，B 2つのサイコロを同時に投げるとき，目の数の和が5の倍数になる場合の数を求めよ。

(2) 3つの区別のつかないサイコロを同時に投げるとき，3つの目の数の和が12となる目の組合わせをすべて列挙せよ。

数字の場合でも，アルファベットのときと同様に，体系立てて並べて，場合の数を求めるんだよ。また，(1)では2つのサイコロに区別があるけれど，(2)では3つのサイコロに区別がない。これも重要なポイントだね。

(1) A，B 2つのサイコロの目をそれぞれ a，b と表すと，$a = 1$, 2, $\cdots$, 6，$b = 1$, 2, $\cdots$, 6 より，$a + b$ のとり得る値の範囲が $\underset{\boxed{1+1}}{2} \leqq a + b \leqq \underset{\boxed{6+6}}{12}$ となるのはいいね。

ここで，$a + b$ が5の倍数となるって言ってるから，$a + b = 5$ または 10 の2つの場合について考えればいい。

(ⅰ) $a + b = 5$ の場合，

$(a, b) = (\underline{1}, 4)$, $(\underline{2}, 3)$, $(\underline{3}, 2)$, $(\underline{4}, 1)$ の4通り

> ・a を1，2，3，4とキレイに小さい順に並べてる。これが，数字の辞書式の例だ！
> ・A，B 2つのサイコロに区別があるので，$(a, b) = (1, 4)$ と $(4, 1)$，そして $(2, 3)$ と $(3, 2)$ はそれぞれ別のものとして数え上げる必要があるんだね。

(ⅱ) $a + b = 10$ の場合，

$(a, b) = (\underline{4}, 6)$, $(\underline{5}, 5)$, $(\underline{6}, 4)$ の3通り

以上 (ⅰ)(ⅱ) より，$a + b = 5$ または 10 となる場合の数は，和の法則より，$4 + 3 = 7$ 通りとなる。

> $a + b = 5$ でかつ $a + b = 10$ なんてあり得ないだろう。だから，$a + b = 5$ と $a + b = 10$ は互いに排反ということになる。よって，和の法則（ペタン，ペタン）が使える！

(2) 3つのサイコロに区別がつかないと言ってるわけだから，(1) のときとは違って，たとえば，(1, 5, 6) の目の組合せと，(5, 1, 6) や (6, 5, 1) などの組合せとを区別する必要はない。つまり，目の組合せだけを調

16

べればいいので，辞書式の数字ヴァージョンで，**3**つの目の値を順に大きいか，または等しいの形で並べていき，その和が**12**となるものをすべて列挙しよう。すると，

(**1**，**5**，**6**)，　(**2**，**4**，**6**)，　(**2**，**5**，**5**)，　(**3**，**3**，**6**)，　(**3**，**4**，**5**)，　(**4**，**4**，**4**)

> 大きいか，等しいの形で，順に並べる。

の**6**通りしかないことが分かるね。体系立てて並べることがポイントなんだね。大丈夫？

● "少なくとも"がきたら，余事象を利用しよう！

1枚のコインを**6**回投げて，少なくとも**1**回は表が出る場合の数を求めよって言われたらどうする？　エッ，少なくとも**1**回って言ってるわけだから，表が**1**回出る場合，**2**回出る場合，…，**6**回出る場合の数を求めて，その和をとればいいって？　うん。確かにそれでも求まるね。でも，ここは，"**余事象**"の場合の数を利用すれば，アッという間に答えが出てくるんだよ。

まず，全事象 **U** の場合の数 $n(U)$ は，**1**枚のコインを**1**回投げる毎に，表か裏かの**2**通りをとり，それが**6**回に渡るので，

$$n(U) = 2 \times 2 \times 2 \times 2 \times 2 \times 2 = 2^6 = 64 \text{ 通りになるんだね。}$$

> $2^5 = 32$ となることを覚えておけば，
> $2^6 = 2 \cdot 2^5$
> $= 2 \cdot 32 = 64$
> とスグ計算できる。

> | 1回目 表か裏 | かつ | 2回目 表か裏 | かつ…かつ | 6回目 表か裏 | ← 積の法則 |

ここで，事象 **A** を

事象 **A**：**6**回中少なくとも**1**回は表が出る。

とおく。事象 **A** の余事象 $\overline{A}$ は，**A** の否定のことで，"少なくとも**1**回"の否定は"すべての（いずれも）"になることに注意すると，

余事象 $\overline{A}$：**6**回中いずれも表が出ない。

> "**6**回ともすべて表が出ない"というより，このように表現したほうが分かりやすい！

となるね。

すると，余事象 $\overline{A}$ は，6 回とも裏が出る，す

なわち { 裏，裏，裏，裏，裏，裏 } の 1 通りしか

存在しないので，$n(\overline{A}) = 1^6 = 1$ 通りとなる。

ここで，公式 $n(A) = n(U) - n(\overline{A})$ を利用すると，

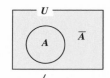

$$\left[\ \bigcirc = \boxed{} - \boxed{\bigcirc}\ \right]$$

求める事象 A の場合の数 $n(A)$ は，$n(A) = 64 - 1 = 63$ と，アッサリ求ま

るんだね。どう？　"少なくとも～"の場合の数を求めるのに，余事象を

利用することのメリットがよ～く分かっただろう？　それでは，次の練習

問題にチャレンジしてごらん。

練習問題 **3**	余事象の利用	CHECK **1**	CHECK **2**	CHECK **3**

1，2，3 の 3 つの数から重複を許して，4 つの数字を選び出し，順に a，

b，c，d とおく。$a \times b \times c \times d$ が偶数となるような，(a, b, c, d) の値

の組は全部で何通りあるか。

少し難しかった？　a，b，c，d は，1，2，3 のいずれかだから，たとえば，

$(a, b, c, d) = (\underline{2}, \underline{2}, \underline{2}, 3)$ や，$(3, 1, \underline{2}, \underline{2})$ や $(1, \underline{2}, 3, 3)$ だったとすると，

$a \times b \times c \times d$ の値は $2 \times 2 \times 2 \times 3 = 24$ や $3 \times 1 \times 2 \times 2 = 12$ や $1 \times 2 \times 3 \times 3$

$= 18$ となって，すべて偶数になるんだね。つまり，a，b，c，d のうち少なく

とも 1 つが偶数 ($\underline{2}$) であれば，$a \times b \times c \times d$ の値は偶数になる。"少なくとも

1 つ"が出てきたので，これは余事象を利用して解く問題だ。

a，b，c，d は，それぞれ 1，2，3 のいずれかの値をとるので，(a, b, c, d) の組の総数を $n(U)$ とおくと，

　　$n(U) = 3 \times 3 \times 3 \times 3 = 3^4 = 81$ 通りとなる。

$\underbrace{\boxed{a\ は\ 1\ か\ 2\ か\ 3}}\ \ かつ\cdots かつ\ \underbrace{\boxed{d\ は\ 1\ か\ 2\ か\ 3}}$

ここで，$a \times b \times c \times d$ が偶数となる事象を A とおくと，これは次のように

書き換えることができるね。

事象 $A : a$, b, c, d のうち少なくとも 1 つは 2 である。

よって，この余事象 $\overline{A}$ は，

余事象 $\overline{A} : a$, b, c, d はいずれも奇数 (1 または 3) である。

となるんだね。よって，この余事象 $\overline{A}$ の場合の数 $n(\overline{A})$ は，

$$n(\overline{A}) = \underbrace{2 \times 2 \times 2 \times 2}_{} = 2^4 = \underline{16} \text{ 通りとなる。}$$

$\underbrace{(a \text{ は } 1 \text{ か } 3)}$ かつ…かつ $\underbrace{(d \text{ は } 1 \text{ か } 3)}$

よって，$a \times b \times c \times d$ が偶数となる $(a$, b, c, $d)$ の組の個数 $n(A)$ は，

$$n(A) = \underline{n(U)} - \underline{n(\overline{A})} = 81 - 16 = 65 \text{ 通りとなって，答えだ！}$$

これで，余事象の使い方も大丈夫だね。

● **未知数が 3 つある問題にチャレンジしよう！**

　さァ，今日の最後の問題を解いてみようか。今日は大変だったから，みんな疲れてるかもしれないね。でも，最後の一頑張りだ！　次の練習問題をやってみよう。

| 練習問題 4 | 和の法則の応用 | CHECK 1 | CHECK 2 | CHECK 3 |

50 円玉，100 円玉，500 円玉の 3 種類のコインがある。どのコインも少なくとも 1 枚は使うことにして，2000 円にする場合の数を求めよ。

50 円玉を x 枚，100 円玉を y 枚，そして 500 円玉を z 枚使って，2000 円にするものと考えればいいね。この場合，未知数が x, y, z の 3 つになるから，ヒェ〜って感じかな？　でも，落ち着いて，体系立てて考えていけばいいんだよ。頑張ろう！

　50 円玉を x 枚，100 円玉を y 枚，500 円玉を z 枚使って 2000 円にするものとすると，

$$50x + 100y + 500z = 2000 \quad \cdots\cdots① \text{ となる。}$$

この両辺を 50 で割ると，

$$x + 2y + 10z = 40 \quad \cdots\cdots② \text{ となるんだね。}$$

　ここで，3 種類のコインは，いずれも少なくとも 1 枚は使うことになる

ので，x，y，z は **1** 以上の整数，つまり自然数となる。そして，この②を
みたす **3** つの自然数 x，y，z のすべての組合せの個数が，今回の求める場
合の数になるんだね。

この後，どうする？　手をこまねいて見てちゃだめだよ。今回は，z の
値によって，場合分けしていくことにしよう。何故，z なのかって？　そ
れは，x や y に比べて，z にかかってる係数が **10** で，**1** 番大きいからだ。
だから z の値は，少ししか変化できないってことになるんだね。
つまり，$x + 2y + 10z = 40$ …②式から，z は **1**，**2**，**3** の **3** 通りしかとり

> **1**，**2**，**3** の **3** 通り

> 矛盾！背理法だ！

得ない。もし，z が **4** 以上とすると，$10z$ は **40** 以上になって <u>$x + 2y$ が **0**
以下になってしまう</u> からだ。x と y も自然数（正の整数）だから当然 $x +$
$2y > 0$ でないといけない。そのためには z の値は **1**，**2**，**3** の **3** 通りしか
とり得ないんだね。

（ⅰ）$z = 1$ のとき，②より，$x + 2y + 10 \times 1 = 40$

∴ $x + 2y = 30$　……③　となるね。

> **1**，**2**，**3**，…，**14** の **14** 通りのみ

この③式で，係数の大きい y に着目すると，x が自然数なので，y は，y
$= 1$，**2**，**3**，…，**14** の <u>**14**</u> 通りしかとり得ないね。そして，<u>y の値が決</u>

> たとえば，$y = 3$ のとき $x = 24$ と決まってしまうんだね

<u>まれば x の値は自動的に決まってしまう</u>ので，$z = 1$ のとき，(x, y, z)
の値の組は <u>**14**</u> 通りあることが分かるね。

（ⅱ）$z = 2$ のとき，②より，$x + 2y + 10 \times 2 = 40$

∴ $x + 2y = 20$　……④

> **1**，**2**，**3**，…，**9** の **9** 通りのみ

この④式で，y に着目すると，x は自然数より，$y = 1$，**2**，**3**，…，**9**
の <u>**9**</u> 通りしかとり得ないことが分かる。よって，$z = 2$ のとき，(x, y, z)
の値の組は <u>**9**</u> 通りとなる。

（ⅲ）$z = 3$ のとき，②より，$x + 2y + 10 \times 3 = 40$

$\therefore \ x + 2y = 10 \ \cdots\cdots$⑤

1，2，3，4の4通りのみ

同様に⑤から，$y = 1$，2，3，4の <u>4</u> 通りのみで，それぞれの y に対して，x の値が決まるので，$z = 3$ のとき，(x, y, z) の値の組は <u>4</u> 通りだね。

以上（ⅰ）（ⅱ）（ⅲ）より，$z = 1$ または 2 または 3 なので，"和の法則" を用いて，求める場合の数は <u>14</u> + <u>9</u> + <u>4</u> = 27 通りになる。納得いった？

以上で，"**場合の数と確率**" の 1 回目の講義は終了です！ 場合の数の計算法も工夫すれば体系立ててキチンと計算できることが分かったはずだ。この後，"**順列**" や "**組合せ**" など，さらに洗練された計算法についても詳しく教えるけれど，今日学んだ，辞書式の数え方は意外とセンター試験でもよく出題されるので，シッカリマスターしておく必要があるんだね。「何事も基本が大事！」の 1 つの例だろうね。

だから，次回の講義まで，自分で納得できるまで，今日習った内容を何回でも反復練習しておいてくれ。この反復練習により，本当の基礎力が身に付くんだからね。数学も，体系立てて勉強していけば誰でも必ず強くなれる。次回以降も分かりやすく教えていくから，場合の数の分野も得意科目になるはずだ。楽しみにしてくれ。

それじゃ，みんな次回の講義まで，元気で！ さようなら！

2nd day　さまざまな順列の数

みんな，おはよう。前回から"**場合の数**"のテーマに入り，場合の数の基本として，"**和の法則**"や"**積の法則**"，それに"**辞書式**"の並べ方と"**樹形図**"について勉強したんだね。そして今回は，"**場合の数**"の計算で中心的な役割を果たす"**順列**"について考えよう。

話がだんだん本格的になっていくけれど，これを知ると解ける問題の幅がさらに広がるので，面白くなると思うよ。今日も，分かりやすく解説するから，"**順列**"もすべてマスターできるはずだ。

● $n!$って何だろう？

まず，これから，"**階乗**"計算について教えよう。たとえば，3! って言われたら，この意味は分かる？　エッ，3のビックリマークだって？(笑) 確かに"!"は，文章ではビックリしたときに使うけど，数学では，これは，階乗計算を表す記号なんだよ。そして，3! は，"**3の階乗**"と読み，

$3! = 3 \times 2 \times 1 = 6$　と計算する。これ以外にもいくつか例を挙げると，

$4! = 4 \times 3 \times 2 \times 1 = 24$　となるし，

$5! = 5 \times 4 \times 3 \times 2 \times 1 = 120$　などと，計算するんだね。

一般に，n を自然数(正の整数)とすると，$n!$ は次のように定義される。

$n!$ の定義

$$n! = n \times (n-1) \times (n-2) \times \cdots \times 3 \times 2 \times 1 \quad (n：自然数)$$

これを "**n の階乗**" と読む

$n!$ は，n の値を階段のように1つずつ小さくしながら1まで，その積をとるので，"階乗"と呼ぶんだろうね。そして，この $n!$ は，n 個の異なるものを1列に並べる場合の並べ方の総数になるんだよ。

たとえば，a，b，c の3つの異なる文字を横1列に並べる場合の数を考えよう。この場合，図1に示すように，左から順に，x_1，x_2，x_3

図1　a，b，c の並べ替えの数

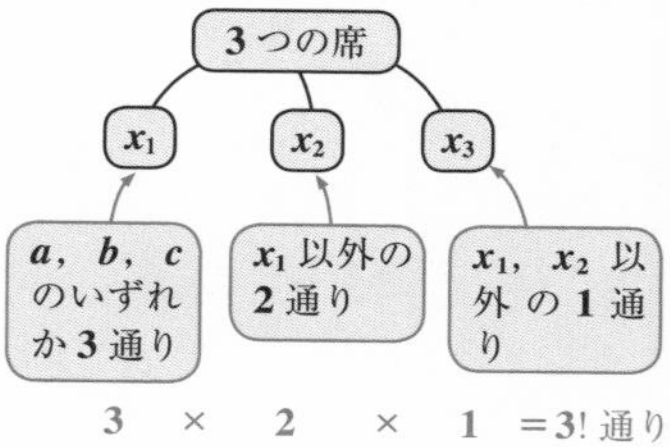

```
        ┌─────────┐
        │ 3つの席 │
        └─────────┘
       ┌────┼────┐
     ┌──┐ ┌──┐ ┌──┐
     │x₁│ │x₂│ │x₃│
     └──┘ └──┘ └──┘
```

| a，b，c のいずれか3通り | x_1以外の2通り | x_1，x_2以外の1通り |

$3 \quad \times \quad 2 \quad \times \quad 1 \quad = 3!$ 通り

22

という3つの席があると考えるといい。すると，最初の席 x_1 に入るのは，a，b，c の3つのうちのいずれかになるので，3通りだね。次の x_2 の席に入るのは，x_1 の席に入ったもの以外の残り2つのいずれかだから2通り。そして，最後の席 x_3 に入るのは，x_1，x_2 の2つの席に入ったもの以外の1つしかないので，1通りになる。以上より，a，b，c を横1列に並べる並べ方の総数は，$3 \times 2 \times 1 = 6$ となって，3! で計算できるんだね。

同様に，前回"辞書式"の練習でやった，異なる4つの文字 E，F，I，L の並べ替えについても，この並べ方の総数は $4! = 4 \times 3 \times 2 \times 1 = 24$ 通りと計算できる。そして，辞書式で並べた最後のものが L，I，F，E（ライフ）になるので，これは24番目になると言ったんだ。これで，納得いった？

最後に，$2! = 2 \times 1 = 2$，$1! = 1$ となるのは大丈夫だね。先程の定義で，$n!$ の n は自然数と言ったけれど，実は，n が0のときの0! も定義できる。エッ，0! は当然0になるだろうって？ ううん，違うよ。$0! = 1$ と定義するんだよ。これは，この後で出てくる"順列"の数 $_nP_r$ や，"組合せ"の数 $_nC_r$ を計算する上で，$0! = 1$ と定義する必要があるからなんだ。だから，$1! = 1$ と同じく，$0! = 1$ であることも，シッカリ頭に入れておいてくれ。さらに，$3! = 6$ や $4! = 24$，それに $5! = 120$ なども，計算する上で頻繁に出てくるので，覚えておいたほうがいいと思う。

練習問題 5	階乗計算	CHECK 1	CHECK 2	CHECK 3

0，1，3，5，7，9の6つの数字をすべて使ってできる6桁の数は何通りあるか。

6つの数の並べ替えなので，6! 通りと計算した人，残念ながら間違いだ！最高位（十万の位）には0は入らないことに気を付けよう！

6桁の数の場合，最高位の第6位（十万の位）には，0以外の1，3，5，7，9のいずれかしか入らないので，5通りだね。あと残りの下5桁には，0も含めた残り5つの数の並べ替えになるから，当然 $5! = 5 \times 4 \times 3 \times 2 \times 1 = 120$ 通りとなる。

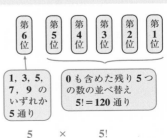

5 × 5!

以上より，**6** 桁の数は全部で，

<u>5</u> × <u>5!</u> = 5 × <u>120</u> = 600 通りできることになる。納得いった？

● まず，順列の数 $_n\mathrm{P}_r$ を押さえよう！

$n!$ は，n 個の異なるものをすべて **1** 列に並べる並べ方の総数を表した。これに対して，n 個の異なるもののうち重複を許さずに r 個だけ選び出して，これを **1** 列に並べる並べ方の総数を "**順列の数**" というんだよ。**1** つ例題をやってみよう。

(a) a, b, c, d, e の **5** つの異なるものの中から重複を許さずに **3** つを選び出し，それを **1** 列に並べる並べ方の総数を求めよう。

これも右図のように，左から x_1, x_2, x_3 の **3** つの席を用意して考えるといいね。まず，x_1 の席には a, b, c, d, e のうちのいずれか **1** つが入るので **5** 通りだね。次，x_2 の席に入るのは，

```
           ┌──── 3 つの席 ────┐
        ┌─────┬─────┬─────┐
        │ x_1 │ x_2 │ x_3 │
        └─────┴─────┴─────┘
      a, b, c,  x_1 以外の  x_1, x_2 以
      d, e のいず  4 通り     外 の 3 通
      れか 5 通り            り
         5    ×   4    ×   3
```

x_1 に入ったもの以外の残り **4** つのいずれかだから，<u>4 通り</u>。そして，最後の x_3 の席に入るのは，x_1, x_2 に入ったもの以外の残り **3** つのいずれかだから，<u>3 通り</u>となる。よって，求める並べ方の総数は，$5 \times 4 \times 3 = 60$ 通りと計算できるんだね。このような計算法を，さっきも言った通り，"順列の数"の計算という。一般には n 個の異なるものの中から重複を許さずに r 個を選び出し，それを **1** 列に並べる並べ方の総数を $_n\mathrm{P}_r$ と表すんだよ。

　"ピーのエヌ・アール" と読む

この順列の数 $_n\mathrm{P}_r$ について，その公式を下に示すよ。

順列の数 $_n\mathrm{P}_r$

順列の数 $_n\mathrm{P}_r$：n 個の異なるものの中から重複を許さずに r 個を選び

出し，それを **1** 列に並べる並べ方の総数。

$$_n\mathrm{P}_r = \frac{n!}{(n-r)!} \quad と，計算できる。$$

公式 $_n\mathrm{P}_r = \dfrac{n!}{(n-r)!}$ の意味がよく分からないって？　いいよ。さっきの **(a)**

の例で具体的に説明しよう。a, b, c, d, e の異なる 5 つのものから 3 つ選び出してそれを 1 列に並べる並べ方の総数を求める場合, ${}_nP_r$ の公式の n に 5 を, r に 3 を代入すればいいだけだからね。この並べ方の総数は

$${}_5P_3 = \frac{5!}{(5-3)!} = \frac{5!}{2!} = \frac{5 \times 4 \times 3 \times 2 \times 1}{2 \times 1} = 5 \times 4 \times 3 = 60 \text{ 通りと計算で}$$

きるんだね。この結果は, x_1, x_2, x_3 の 3 つの座席で考えて算出したものとまったく一緒だね。それでは, 少し, ${}_nP_r$ を具体的に計算してみよう。

(b) 次の各順列の数を求めよう。

　　　（ⅰ）${}_3P_1$ 　　　　（ⅱ）${}_6P_3$ 　　　（ⅲ）${}_7P_2$

（ⅰ）${}_3P_1 = \frac{3!}{(3-1)!} = \frac{3!}{2!} = \frac{3 \times 2 \times 1}{2 \times 1} = 3$ となる。

> 公式 ${}_nP_r = \dfrac{n!}{(n-r)!}$ を使った！

（ⅱ）${}_6P_3 = \frac{6!}{(6-3)!} = \frac{6!}{3!} = \frac{6 \times 5 \times 4 \times 3 \times 2 \times 1}{3 \times 2 \times 1} = 6 \times 5 \times 4 = 120$ だね。

（ⅲ）${}_7P_2 = \frac{7!}{(7-2)!} = \frac{7!}{5!} = \frac{7 \times 6 \times 5 \times 4 \times 3 \times 2 \times 1}{5 \times 4 \times 3 \times 2 \times 1} = 7 \times 6 = 42$ となる。

大丈夫？ 順列の数の計算にも慣れた？ じゃ, ここで, ${}_5P_5$ を計算してみよう。これは, 5 個の異なるものから重複を許さずに 5 個を選び出して 1 列に並べる場合の数なので, 結局 5 個すべてを 1 列に並べる並べ方の総数, すなわち $5! (= 120)$ 通りになるはずだ。これを公式 ${}_nP_r = \dfrac{n!}{(n-r)!}$ の通りに求めてみると,

$${}_5P_5 = \frac{5!}{(5-5)!} = \frac{5!}{0!} \text{ となって分母に } 0! \text{ が現れるだろう。でも, } {}_5P_5 \text{ は } 5!$$

と等しくなるはずだから, $0! = 1$ と定義しなければならなかったんだね。これで, $0! = 1$ の由来も分かったね。

● **重複順列の数は n^r で計算できる！**

　それでは次, "**重複順列の数**" について解説しよう。順列の数の計算では 1 度並べたものと同じものを並べることができなかったね。でも, 重複順列の数の計算では, この制約を取り払って, 同じものを重複して使って

並べてもいいことにするんだ。(a) の例題と対比して，次の例題 (c) を解いてみよう。

(c) a, b, c, d, e の5つの異なるものの中から重複を許して3つを選び出し，それを1列に並べる並べ方の総数を求めよう。

　　今回は，同じものを重複して並べてもいいので，(c, a, e) や (d, b, a) などだけでなく，(a, a, b) や (b, b, b) や (c, d, c) なども対象となる。

　　この並べ方の総数を考えるために，右図のように3つの席 x_1, x_2, x_3 を考えよう。すると，最初の席 x_1 には，a, b, c, d, e のいずれかが入るので5通りだね。次の x_2 の席にも，x_1 の席に入ったものを含めて a, b, c, d, e のどれが入ってもいいので5通り。そして x_3

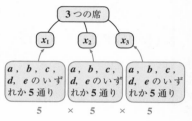

も同様に5通りとなる。これは重複を許しているからなんだね。よって，a, b, c, d, e の異なるものから重複を許して3個選び，それを1列に並べる並べ方の総数は，$5 \times 5 \times 5 = 5^3 = 125$ 通りになるんだね。これが，重複順列の数の計算の1例だったんだ。それでは，重複順列の数の計算公式を下に書いておこう。

重複順列の数 n^r

重複順列の数 n^r：n 個の異なるものから重複を許して r 個選び出し，それを1列に並べる並べ方の総数。n^r で計算できる。

この意味は，上の例から明らかだと思うけど，もう少し練習しておこう。3個の異なるものから重複を許して4個選び出し，それを1列に並べる並べ方の総数は，

　　$3^4 = 3 \times 3 \times 3 \times 3 = 81$ 通りとなる。大丈夫だね。

一般に，順列の数 $_n\mathrm{P}_r$ では，$r \leqq n$ の条件が付く。重複を許さなければ，n 個の異なるものから選び出されるものの個数 r は当然 n 以下でないといけないね。でも，重複順列の数 n^r では，重複を許すので，n 個から選び出されるものの個数 r は n より大きくなってもかまわない。たとえば，a, b, c の異なる3つの文字からでも重複を許せば，4つ選んで，(a a a c) や (b c c a) などと並べることができるからだ。

では，いよいよ練習問題で，実践力を鍛えることにしよう！

| 練習問題 6 | $n!$, 順列の数 $_nP_r$ | CHECK 1 | CHECK 2 | CHECK 3 |

男子 4 人，女子 2 人の計 6 人が 1 列に並ぶとき，以下の各場合の並び方の総数を求めよ。

(1) 女子 2 人が隣り合う場合

(2) 両端が男子の場合

(3) 両端のうち少なくとも 1 端に女子がくる場合

(1) 2 人の女子が隣り合うので，これを 1 人分と考えることがコツだね。**(2)** が **(3)** の余事象になっていることに気付けば，話は早いよ。サァ，それじゃ具体的に解説していこう！

(1) 2 人の女子が隣り合う場合と言っているので，この 2 人の女子をまとめて 1 人分と考えると，右図に示すように，実質的に 5 人の並べ替えとなるので，5! 通りになるね。

2 人の女子の並べ替え 2! 通り

実質 5 人の並べ替え 5! 通り

エッ，これで答えだって？ オイオイ，あわて者だな。隣り合う 2 人の女子の並び替えの 2! 通りも忘れちゃいけないよ。

結局，実質 5 人を並び替えて，かつ隣り合う女子 2 人の並べ替えもあるので，"積の法則"より，この場合の並べ方の総数は，

$2! \times 5! = 2 \times 120 = 240$ 通りとなる。これで答えだ！

$2 \cdot 1 = 2$　$5 \cdot 4 \cdot 3 \cdot 2 \cdot 1 = 120$

(2) 両端に男子がくる場合，右図のように，まず，4 人中 2 人の男子を選び，それを左端と右端に並べる場合の数として，$_4P_2$ 通りになるね。さらに，残りの男女 4 人を並べ替える場合の数として 4! 通りがある。

4 人中 2 人の男子を両端に並べる。$_4P_2$ 通り

男 ○○○○ 男

残り 4 人の並べ替え 4! 通り

以上より，男子が両端にくる場合の並べ方の総数は，次の通りだ。

$$_4P_2 \times 4! = \frac{4!}{2!} \times 4! = \frac{4 \cdot 3 \cdot 2 \cdot 1}{2 \cdot 1} \times 4 \cdot 3 \cdot 2 \cdot 1 = 12 \times 24 = 288 \text{ 通り}$$

$\dfrac{4!}{(4-2)!}$

(3) では，まず事象 A を

事象 A：両端のうち少なくとも 1 端には女子がくる。

とおこう。ここで，みんな当然ピーンときたな！　そう，"少なくとも" の言葉が出てきたら，「ヨッシャ，余事象を考えてみよう！」って，こなくっちゃね。余事象 $\overline{A}$ は，

余事象 $\overline{A}$：両端のいずれも男子がくる。

ってことになるから，この並び方の総数 $n(\overline{A})$ はすでに **(2)** で計算してるんだね。後は，6 人全員の並び方の総数 $n(U)$ を求めて，公式：

$n(A) = n(U) - n(\overline{A})$ から $n(A)$ を計算すればいいんだね。

$$\left[\ \bigcirc\ =\ \boxed{}\ -\ \bigcirc\ \right]$$

$n(U)$ は当然，$n(U) = 6! = 6 \times \underline{5 \times 4 \times 3 \times 2 \times 1} = 6 \times 120 = 720$ 通りと

$\boxed{5! = 120}$ ◀━━ これは，覚えておこう！

なるので，求める並び方の総数 $n(A)$ は，

$n(A) = n(U) - n(\overline{A}) = 720 - 288 = 432$ 通りとなる。

どう？　結構複雑だったけど，面白かっただろう？　数学って，こうやっていろんな問題を解くことによって，実力が磨かれていくんだよ。

それじゃ，もう 1 題やってみよう。

練習問題 7	重複順列の数 n^r	CHECK *1*	CHECK*2*	CHECK*3*

1 番から 10 番まで番号の付いた 10 個のボールを，A または B のいずれかの箱に入れていく。この箱への入れ方は，全部で何通りあるか。

これは，考え方の問題だね。①のボールが A または B のいずれかを選択する，②も，…，⑩も同様に A または B を選択すると考えると，重複順列の考え方が見えてくると思う。頑張ろうな！

　右図のように①番のボールが，A または
B の箱を選択すると考える。同様に②，…，
⑩も A または B の箱を選択すると考え
ると，次の図のように，①～⑩のボールを

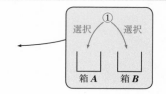

選択　　選択
①
箱 A　　箱 B

席と見ると，それぞれの番号に A または B が入る場合と同様だね。これは，A，B の異なる 2 つから重複を許して，10 個選び，それを 1 列に並べる場合の数と同じになったね。よって，10 個のボールの A，B の箱への入れ方は，重複順列の数で計算できる。

$$\therefore \underbrace{2 \times 2 \times \cdots \times 2}_{10 \text{個の} 2 \text{の積}} = 2^{10} = 1024 \text{ 通り}$$

が答えだ。

①，②，………，⑩

| A，B の 2 通り | A，B の 2 通り | A，B の 2 通り |

$2 \times 2 \times \cdots \times 2 = 2^{10}$ 通り

ここで，2^n の計算についても，$2^5 = 32$ と $2^{10} = 1024$ はよく出てくるので，覚えておくと便利だ！

● 同じものを含む順列の数も計算しよう！

これまでの順列の計算では，"n 個の異なるもの…" という言葉があったんだけれど，n 個の中に同じものが複数含まれる場合の順列の数(並べ方の総数)の計算法についても勉強していこう！

これは，はじめから例題で解説しよう。たとえば，B，$\underline{O, O}$，K の並

（2 つの O が同じもの）

べ方の総数を求めてみようか？　ン，これって $Book$ (本)になってるって？でも，今回は，あくまでも，同じ O を 2 つ含む，4 つの文字 B，O，O，K の並べ替えの問題として考えることにしよう。

まず，2 つの文字 O が O_1 と O_2 に区別できる場合，B，O_1，O_2，K の並べ方の総数はどうなる？　そう，この場合は 4 つの異なる文字を 1 列に並べる場合の数だから，当然 $4! = 4 \cdot 3 \cdot 2 \cdot 1 = 24$ 通りとなる。これはいいね。このとき，たとえば，(O_1, K, O_2, B) と (O_2, K, O_1, B) は別ものとして，並べ方の総数を計算したことになる。でも，本当は，この 2 つは同じ (O, K, O, B) のことなんだね。これは，(K, B, O_1, O_2) と (K, B, O_2, O_1) も，実は同じ (K, B, O, O) のことで，先程計算した $4!$ は実は，O_1 と O_2 の並べ替えの $2!$ 倍だけ余分に計算していることになる。

よって，同じ 2 つの O を含む B，O，O，K の本当の並べ方の総数は，$4!$ を $2!$ で割って $\dfrac{4!}{2!} = \dfrac{4 \cdot 3 \cdot 2 \cdot 1}{2 \cdot 1} = 12$ 通りということになるんだね。

それでは，この"同じものを含む順列の数"の計算法も公式としてまとめておこう。

同じものを含む順列の数

n 個のもののうち，p 個，q 個，r 個，…がそれぞれ同じものであるとき，それらを 1 列に並べる並べ方の総数は，

$$\frac{n!}{p! \cdot q! \cdot r! \cdots} \quad \text{通りである。}$$

ン，分かりづらいって？ いいよ。具体的に計算してみよう。

(d) T，A，N，A，K，A の 6 文字の並べ方の総数を求めよう。

6 文字中，同じ A が 3 つあるので，この並べ方の総数は，

$$\frac{6!}{3!} = \frac{6 \cdot 5 \cdot 4 \cdot 3 \cdot 2 \cdot 1}{3 \cdot 2 \cdot 1} = 6 \cdot 5 \cdot 4 = 120 \text{ 通りになる。}$$

(e) O，O，S，A，K，A の 6 文字の並べ方の総数を求めよう。

6 文字中，2 つの O と，2 つの A が同じものなので，この並べ方の総数は

$$\frac{6!}{2! \cdot 2!} = \frac{6 \cdot 5 \cdot \overset{2}{4} \cdot 3 \cdot 2 \cdot 1}{2 \cdot 1 \times 2 \cdot 1} = 6 \cdot 5 \cdot 2 \cdot 3 = 180 \text{ 通りになるんだね。}$$

大丈夫？

● 円順列の数は，$(n-1)!$ で計算できる！

これまで，n 個の異なるものや同じものを 1 列に並べる並べ方の総数を計算してきたけれど，これを円形に並べる場合の数についても勉強しよう。これは"円順列の数"というんだけれど，その計算の方法は次の通りだ。

円順列の数

n 個の異なるものを円形に並べる並べ方の総数は，

$(n-1)!$ 通りである。

エッ，何で $n!$ じゃなくて，$(n-1)!$ にするんだって？ いいよ，$n=4$ の場合，つまり，A，B，C，D の異なる 4 つの文字を円形に並べる場合を例

にとって解説しよう。

まず，*A*，*B*，*C*，*D* を図2(ⅰ)のように円形に並べる。そして，これを反時計まわりに1つずつ回転していったものが，順に図2の(ⅱ)，(ⅲ)，(ⅳ)になるんだね。ここで，文字 *A* の位置に着目すると，文字同士の相対的な位置関係は何も変わっていない。相対的な位置関係が変わらないっていうのは，*A* から見て右隣は常に *B* だし，左隣は常に *D* になってるなどのことなんだね。よって，図2の(ⅱ)，(ⅲ)，(ⅳ)はいくつか回転させればまた元の図2(ⅰ)の状態に戻せるだろう。だから，これら4つの並べ方はすべて同一のものとみなすんだ。ここまではいい？

図2 円順列

(ⅰ)

(ⅱ)

(ⅲ)

(ⅳ)

ということは，これまで4つの異なるものを1列に並べる並べ方の総数を4!通りと計算したけれど，これは，円順列では4倍分余分に計算したことになる。さっき解説した通り，4通りの並べ方をすべて同一のものとみなすからだ。よって，4つの異なるものの円順列の数は4!を4で割って，

$$\frac{4!}{4} = \frac{\cancel{4} \cdot 3 \cdot 2 \cdot 1}{\cancel{4}} = 3 \cdot 2 \cdot 1 = 3!\ となる。$$

これは，円順列の公式 $(4-1)! = 3!$ と一致するんだね。納得いった？

さて，円順列については，もう1つ重要な考え方がある。これは，問題を解く上ですごく大事だから，よ～く聞いてくれ。

さっき *A*，*B*，*C*，*D* の4つを円形に並べるとき，相対的な位置関係が同じならば，これを1つずつ回転したものはすべて同一とみなすといったね。ということは，*A*，*B*，*C*，*D* のうちどれか1つを固定して，回転できなくしてしまえば，残り3個の並べ替えとなって，円順列の数3!通りが導けるんだね。図3では *A* を固定したイメージを示した。どう？　面白かった？　それじゃ，次の練習問題を解いてみよう！

図3　円順列
(特定の1つを固定する)

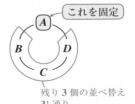

残り3個の並べ替え
3!通り

31

男子 4 人，女子 2 人の計 6 人が円形に並ぶとき，以下の問いに答えよ。

(1) この円順列の総数は何通りあるか。

(2) 2 人の女子の間に男子が 1 人だけ入る並び方は何通りあるか。

(3) 2 人の女子が対面する並び方は何通りあるか。

いずれも，円順列の問題だけれど，(2) では ⓦ男ⓦ を 1 人とみなして，固定し，(3) では 1 人の女子を固定して考えるとうまくいくよ。

(1) 男女計 6 人の円順列の数は，公式通り

$(6-1)! = 5! = 5 \cdot 4 \cdot 3 \cdot 2 \cdot 1 = 120$ 通りだね。

(2) 女子 2 人に 1 人の男子が挟まれるので，右図のように，この ⓦ男ⓦ を 1 人とみなして固定しよう。すると，残り 3 人の男子の並べ替えとなるので $3!$ 通りになるね。

> これが，今回の円順列の数

次に，女子 2 人に挟まれる幸運な (?) 男子は 4 人中のいずれか 1 人だから **4 通り**だね。さらに，2 人の女子の並べ替えの **2! 通り**も忘れちゃいけない。以上より，この場合の男女 6 人の並び方の総数は，

$4 \times 2! \times 3! = 4 \times 2 \times 6 = 48$ 通りとなる。大丈夫だね。

> | 幸運な 1 人を選ぶ | 女子 2 人の並べ替え | 残り 3 人の男子の並べ替え |

(3) 2 人の女子が対面する場合，右図のように 1 人の女子を固定すると，この女子に対面する位置にもう 1 人の女子がくるので，このもう 1 人の女子の位置も決まってしまうんだね。

　ということは，残り **4** 人の男子の並び方の <u>**4!** 通り</u>だけが，今回の並び方の総数となる。

∴ **4! = 4 · 3 · 2 · 1 = 24** 通りが答えになる。面白かった？

これで，円順列の問題の解き方もマスターできたと思う。

　今回は，階乗計算 $n!$，順列の数 $_nP_r$，重複順列の数 n^r，同じものを含む順列の数 $\dfrac{n!}{p!\,q!\cdots}$，そして円順列の数 $(n-1)!$ について勉強したんだね。どう？　かなり盛りだく山だったね。今，本当に理解できていても，人間って忘れやすい生き物だから，頭に定着させるために，よ〜く反復練習しておくんだよ。

　次回は "**組合せ**" の数について，また分かりやすく教えるつもりだ。

楽しみにしてくれ…。

こんなすばらしいものがあるのにダイヤモンドに目がくらんだか！

3rd day　組合せの数 $_n\mathrm{C}_r$ とその応用

みんな，おはよう！　調子はいい？　今日で，"場合の数"も最終回になるんだよ。今回のテーマは，"組合せの数" $_n\mathrm{C}_r$ だ。これは，前回学習した"順列の数" $_n\mathrm{P}_r$ と密接に関連しているんだけれど，この組合せの数 $_n\mathrm{C}_r$ の方がさらに広い応用範囲をもっているので，頑張って，マスターしよう！

● $_n\mathrm{P}_r$ を $r!$ で割ったものが，$_n\mathrm{C}_r$ だ！

前回勉強した"順列の数" $_n\mathrm{P}_r$ を，もう1度，下に書いておこう。

順列の数 $_n\mathrm{P}_r$

順列の数 $_n\mathrm{P}_r$：n 個の異なるものの中から重複を許さずに r 個を選び出し，それを1列に並べる並べ方の総数。

$$_n\mathrm{P}_r = \frac{n!}{(n-r)!}$$ と計算する。

順列の数 $_n\mathrm{P}_r$ では，n 個から選び出した r 個を1列に並べるという操作をするんだね。これに対して，組合せの数 $_n\mathrm{C}_r$ では，この1列に並べるということをしない。ただ，異なる n 個のものの中から重複を許さずに r 個を選び出す選び方の総数が，**組合せの数 $_n\mathrm{C}_r$** なんだよ。

> "シーのエヌ・アール"と読む

組合せの数 $_n\mathrm{C}_r$

組合せの数 $_n\mathrm{C}_r$：n 個の異なるものの中から重複を許さずに r 個を選び出す選び方の総数。

$$_n\mathrm{C}_r = \frac{n!}{r!(n-r)!}$$ と計算する。 ← $_n\mathrm{C}_r = \dfrac{_n\mathrm{P}_r}{r!}$ の関係がある！

何のことかピンとこないって？　当然だ！　これから，リレー選手の例を使って，この $_n\mathrm{P}_r$ と $_n\mathrm{C}_r$ の違いについて解説していこう。

a，b，c，d，e の5人から3人のリレー選手を選出する場合を考えよう。

ここで，選ばれたリレー選手について，

$\begin{cases} (\text{i}) \text{走る順番まで決める場合の数と,} \\ (\text{ii}) \text{走る順番を決めない場合の数について考えよう。} \end{cases}$

まず，（ i ）走る順番を決める場合は，

　a，b，c，d，e の異なる **5** 人から，重複を許さずに **3** 人を選び出し，そして，第 **1** 走者，第 **2** 走者，第 **3** 走者まで決めるということだ。第 **1**，**2**，**3** 走者の順に **1** 列に並べると考えれば，これは，順列の数 $_5P_3$ で計算できることが分かるだろう。

よって，この場合の数は，

> 公式 $_nP_r = \dfrac{n!}{(n-r)!}$ を使った！

$$_5P_3 = \frac{5!}{(5-3)!} = \frac{5!}{2!} = \frac{5 \cdot 4 \cdot 3 \cdot 2 \cdot 1}{2 \cdot 1} = 60 \text{ 通りとなるんだね。これはいいね。}$$

これに対して，

（ ii ）走る順番を決めない場合は，

　単に，異なる a，b，c，d，e の **5** 人から重複を許さずに **3** 人を選び出すだけだから，その選び方の総数は，組合せの数 $_nC_r = \dfrac{n!}{r!(n-r)!}$ の公式を使うと，$n = 5$，$r = 3$ の場合になるので，

$$_5C_3 = \frac{5!}{3!(5-3)!} = \frac{5!}{3!2!} = \frac{5 \cdot 4 \cdot 3 \cdot 2 \cdot 1}{3 \cdot 2 \cdot 1 \times 2 \cdot 1} = \frac{20}{2} = 10 \text{ 通りとなる。}$$

ここで，$_5C_3 = \dfrac{5!}{3! \cdot \boxed{(5-3)!}} = \dfrac{\overbrace{}^{_5P_3}}{3!} = \dfrac{_5P_3}{3!}$ となっていることに気付いた？　つまり，$_5C_3$ は，$_5P_3$ を **3!** で割ったものになってるんだね。何故そうなるのかって？　いいよ。これから，その種明かしをしよう！

　たとえば，a，b，c，d，e の **5** 人から $(a，b，c)$ の **3** 人が選ばれたとしよう。このとき，図 **1** に示すように，順列では，第 **1**，**2**，**3** 走者の順番まで決めるので，この並べ替えの総数は，**3! = 6** 通りとなるね。これに対して，組合せの場合，$(a，b，c)$ の **3** 人が選ばれた時点で，並べ替えたりしないので，操作はこれで終了

図 1　順列と組合せの関係

順列		組合せ
$(a，b，c)$		
$(a，c，b)$		
$(b，a，c)$	$\left.\begin{array}{}\\\\\\\\\\\end{array}\right\} 3!$	$\Longleftrightarrow (a，b，c)$
$(b，c，a)$	$= 6$ 通り	の **1** 通り
$(c，a，b)$		
$(c，b，a)$		

> 辞書式で並べた！

している。だから，この (a, b, c) の組合せ 1 通りだけなんだね。

これは，(b, c, e)，(a, d, e) などと選ばれた場合も同様で，順列の数 ${}_5P_3$ は，組合せの数 ${}_5C_3$ より $3!$ 倍だけ余分に計算していることになる。よって，順列の数 ${}_5P_3$ を $3!$ で割ったものが組合せの数 ${}_5C_3$ になるんだね。

これから，

$$
{}_5C_3 = \frac{{}_5P_3}{3!} = \frac{\dfrac{5!}{(5-3)!}}{3!} = \frac{5!}{3!(5-3)!} \quad \text{と計算できたんだ。}
$$

（分子の分母は下へ）

一般論でも同様に，順列の数 ${}_nP_r$ は，選び出された r 個の並べ方の総数 $r!$ 倍だけ，組合せの数 ${}_nC_r$ より余分に計算しているので，${}_nP_r$ を $r!$ で割ったものが組合せの数 ${}_nC_r$ になる。

$$
\therefore {}_nC_r = \frac{{}_nP_r}{r!} = \frac{\dfrac{n!}{(n-r)!}}{r!} = \frac{n!}{r!(n-r)!} \quad \text{の公式が導けるんだね。}
$$

（分子の分母は下へ）

これで，すべてクリアになっただろう。

それじゃ，いくつか組合せの数を具体的に計算してみよう。

(a) 次の組合せの数を計算しよう。

（ⅰ）${}_5C_0$　　（ⅱ）${}_5C_5$　　（ⅲ）${}_7C_1$　　（ⅳ）${}_6C_2$　　（ⅴ）${}_6C_4$

それでは，公式 ${}_nC_r = \dfrac{n!}{r!(n-r)!}$ を使って，具体的に計算していこう。

（ⅰ）いきなり変なのがきたって？　でも，これは，$n = 5$，$r = 0$ の場合だから，公式通り計算していけばいいんだよ。

$$
{}_5C_0 = \frac{5!}{0! \cdot (5-0)!} = \frac{5!}{5!} = 1 \quad \text{となる。}
$$

（1）

> 異なる 5 つから，0 個を選ぶ，つまり何も選ばないってことは，1 通りだけだね。当たり前の結果が出てきたんだ！

36

(ii) 次，$n=5$，$r=5$ のときも，

$$_5C_5 = \frac{5!}{5!(5-5)!} = \frac{5!}{5!\boxed{0!}} = \frac{5!}{5!} = 1 \text{ となる。}$$
$$\boxed{1}$$

> 異なる 5 つから，5 個全部選ぶのも，当然 1 通りしかない。当たり前だね。

(iii) $n=7$，$r=1$ のときは，

$$_7C_1 = \frac{7!}{\boxed{1!}\cdot(7-1)!} = \frac{7!}{6!} = \frac{7\cdot6\cdot5\cdot4\cdot3\cdot2\cdot1}{6\cdot5\cdot4\cdot3\cdot2\cdot1} = 7 \text{ と計算できる！}$$
$$\boxed{1} \boxed{0! \text{ も } 1! \text{ も同じ } 1 \text{ だ}}$$

> a, b, c, d, e, f, g の異なる 7 つから 1 つを選び出すのは，当然 7 通りになる。

(iv) $n=6$，$r=2$ のとき，

$$_6C_2 = \frac{6!}{2!(6-2)!} = \frac{6!}{2!\times4!} = \frac{6\cdot5\cdot4\cdot3\cdot2\cdot1}{2\cdot1\times4\cdot3\cdot2\cdot1} = \frac{30}{2} = 15 \text{ となるね。}$$

> 同じ結果！

(v) $n=6$，$r=4$ のときも，

$$_6C_4 = \frac{6!}{4!(6-4)!} = \frac{6!}{4!\times2!} = \frac{6\cdot5\cdot4\cdot3\cdot2\cdot1}{4\cdot3\cdot2\cdot1\times2\cdot1} = \frac{30}{2} = 15 \text{ となる！}$$

どう？ 組合せの計算にも少しは慣れた？ 以上の計算は，実は次の公式と密接に関係しているんだよ。

組合せの数 $_nC_r$ の基本公式

$(1)\,_nC_0 = {}_nC_n = 1$ 　　　$(2)\,_nC_1 = n$

$(3)\,_nC_r = {}_nC_{n-r}$ 　　　$(4)\,_nC_r = {}_{n-1}C_{r-1} + {}_{n-1}C_r$

$$(0 \leqq r \leqq n)$$

(1) n 個中 1 個も選ばれないときと，n 個中 n 個をすべて選ぶ場合の数は共に 1 通りだね。よって，$_nC_0 = {}_nC_n = 1$ となるので，例題 (a) の (i)，(ii) でも，それぞれ，(i)$_5C_0 = 1$，(ii)$_5C_5 = 1$ が導けたんだね。一般論として計算しても，

$$_nC_0 = \frac{n!}{\boxed{0!}(n-0)!} = \frac{n!}{n!} = 1 \text{ となるのが分かるね。}_nC_n = 1 \text{ も同様だ。}$$
$$\boxed{1}$$

これから，$_8C_0$，$_6C_0$，$_{10}C_{10}$，$_7C_7$ など，みんな 1 なんだね。

(2) n 個中 1 個だけ選ぶ場合の数は当然 n 通りあるね。よって $_nC_1 = n$ の公式も成り立つ。例題 (a) の (ⅲ) でも，$_7C_1 = 7$ と計算できたね。これも，一般公式として成り立つことを確かめておこう。

$$_nC_1 = \frac{n!}{\boxed{1!}\,(n-1)!} = \frac{n!}{(n-1)!} = \frac{n\,\boxed{(n-1)(n-2)\cdots 2\cdot 1}}{(n-1)!}$$

$\boxed{1}$　　　　　　　　　　　　　　　$\boxed{(n-1)!}$

$$= \frac{n\cdot (n-1)!}{(n-1)!} = n \quad \text{となる。大丈夫だね。}$$

だから，$_{10}C_1 = 10$，$_8C_1 = 8$ などとすぐ分かるんだよ。

(3) $_nC_r$ と $_nC_{n-r}$ は必ず等しくなる。これは，n 個中 r 個を選び出す場合の数 ($_nC_r$) と，n 個中選ばれない (残される)$n-r$ 個を選ぶ場合の数 ($_nC_{n-r}$) は当然等しくなるから，$_nC_r = _nC_{n-r}$ となるんだね。だから，例題 (a) の (ⅳ)$_6C_2$ と (ⅴ)$_6C_{\boxed{4}}$ は当然同じ **15** となったんだ。これも，

$\boxed{6-2}$

式の上でキチンと確認しておくと，次の通りだ！

$$_nC_{n-r} = \frac{n!}{(n-r)!\{n-(n-r)\}!} = \frac{n!}{(n-r)!r!} = \frac{n!}{r!(n-r)!} = _nC_r \text{ とキチ}$$

> これを r' とおくと，$_nC_{r'} = \dfrac{n!}{r'!(n-r')!}$ となる。

ンと導けるね。

この公式：$_nC_r = _nC_{n-r}$ から，$_5C_4 = _5C_{\boxed{1}}$，$_{10}C_7 = _{10}C_{\boxed{3}}$ などが，自動的に

$\boxed{5-4}$　　　　$\boxed{10-7}$

導ける。実は，**(1)** の公式 $_nC_0 = _nC_n$ も，**(3)** の公式 $_nC_r = _nC_{n-r}$ の

$\boxed{n-0}$

$r = 0$ の特殊な場合だったんだね。納得いった？

(4) の公式：$_nC_r = _{n-1}C_{r-1} + _{n-1}C_r$ はちょっと分かりづらかっただろうね。これは，n 人の中の特定の **1** 人に着目すればいいんだよ。たとえば，n 人の中に特定の **1** 人として a 君がいたとしよう。このとき，n 人から r 人を選び出す際に，a 君は (ⅰ) 選ばれるか，または (ⅱ) 選ばれないかのいずれかで，これらは互いに排反なのも分かるね。

> a 君が選ばれて，かつ選ばれない (??) なんてことは起こらない！

(ⅰ) a 君が r 人に選ばれるとき，r 人のうちの 1 つの席は a 君のために用意されているので，残り $n-1$ 人から $r-1$ 人を選ぶことになる。

よって，a 君が選ばれるときの場合の数は，$_{n-1}C_{r-1}$ 通りとなる。

(ⅱ) a 君が r 人に選ばれないとき，残り $n-1$ 人から r 人を選ぶことになる。よって，a 君が選ばれないときの場合の数は，$_{n-1}C_r$ 通りとなる。

以上より，n 人中 r 人を選び出す場合の数 $_nC_r$ は，特定の 1 人の a 君に着目すると，a 君は r 人に (ⅰ) 選ばれる ($_{n-1}C_{r-1}$) か，または (ⅱ) 選ばれない ($_{n-1}C_r$) のいずれかで，これらは互いに排反なので，"和の法則"を使って，

(4) の公式：$_nC_r = {}_{n-1}C_{r-1} + {}_{n-1}C_r$ が導けるんだね。

積事象のこと

排反だから柿の種 $\boxed{0}$ がない！

$$\left[\bigcirc\bigcirc = \overset{\text{ペタン}}{\bigcirc} + \overset{\text{ペタン}}{\bigcirc}\right]$$

(*b*) $_6C_3 = {}_5C_2 + {}_5C_3$ が成り立つことを示そう。

これは $n=6$，$r=3$ のときの公式：$_nC_r = {}_{n-1}C_{r-1} + {}_{n-1}C_r$ そのものだね。

特定の 1 人が選ばれる。

特定の 1 人が選ばれない。

まず，$_6C_3 = \dfrac{6!}{3!(6-3)!} = \dfrac{6!}{3! \times 3!} = \dfrac{6 \cdot 5 \cdot 4 \cdot 3 \cdot 2 \cdot 1}{3 \cdot 2 \cdot 1 \times 3 \cdot 2 \cdot 1}$

$= \dfrac{6 \cdot 5 \cdot 4}{3 \cdot 2} = \underline{20}$ となる。

$_5C_2 = \dfrac{5!}{2!(5-2)!} = \dfrac{5!}{2! \times 3!} = \dfrac{5 \cdot 4 \cdot 3 \cdot 2 \cdot 1}{2 \cdot 1 \times 3 \cdot 2 \cdot 1} = \underline{10}$

公式 $_nC_r = {}_nC_{n-r}$

$_5C_3 = {}_5C_2 = \underline{10}$ と，これは上の結果からすぐ分かる。

$\boxed{5-3}$

以上より，$\underline{20} = \underline{10} + \underline{10}$，すなわち $_6C_3 = {}_5C_2 + {}_5C_3$ は成り立つんだね。

特定の 1 人が選ばれる。

特定の 1 人が選ばれない。

これで，納得できた？

それじゃ，さらに次の練習問題でシッカリ練習しよう！

男子 4 人，女子 4 人の計 8 人から，3 人のリレー選手を選ぶ。次の各場合の数を求めよ。

(1) 全ての場合の数。

(2) 少なくとも 1 人は女子が選ばれる場合の数。

(3) 特定の 1 人が選ばれる場合の数。

(2) では，"少なくとも 1 人"という言葉がきたので，当然，余事象から考えていくとうまくいくんだね。サァ，早速具体的に解いてみよう！

(1) 男女計 8 人から 3 人のリレー選手を選ぶ選び方の総数を $n(U)$ とおくと，

$$n(U) = {}_8C_3 = \frac{8!}{3!5!} = \frac{8 \cdot 7 \cdot 6 \cdot 5 \cdot 4 \cdot 3 \cdot 2 \cdot 1}{3 \cdot 2 \cdot 1 \times 5 \cdot 4 \cdot 3 \cdot 2 \cdot 1} = 56 \text{ 通り}$$ が答えだね。

(2) 事象 A：少なくとも 1 人の女子が選手に選ばれる。

とおくと，この余事象 $\overline{A}$ は次のようになるだろう。

余事象 $\overline{A}$：女子が 1 人も選手に選ばれない。

これは，"選ばれる選手 3 人はいずれも男子である"と同じ！

4 人の男子から 3 人のリレー選手が選ばれる場合の数 $n(\overline{A})$ は，

$$n(\overline{A}) = {}_4C_3 = {}_4C_1 = 4 \text{ 通り}$$ となる。

$n C_r = {}_nC_{n-r}$　　${}_nC_1 = n$ ← 2 つの公式を乗り継いだ！

∴ 求める事象 A の場合の数 $n(A)$ は，

$$n(A) = n(U) - n(\overline{A}) = 56 - 4 = 52 \text{ 通り}$$ となるね。

(3) 8 人中特定の 1 人が選手として選ばれるものとすると，残りの 7 人から残り 2 人のリレー選手を選ぶことになるだろう。よって，求める場合の数は，

$${}_7C_2 = \frac{7!}{2!5!} = \frac{7 \cdot 6 \cdot 5 \cdot 4 \cdot 3 \cdot 2 \cdot 1}{2 \cdot 1 \times 5 \cdot 4 \cdot 3 \cdot 2 \cdot 1} = 21 \text{ 通り}$$ となる。

どう？　組合せの応用問題も結構解けるようになっただろう？　いいね。

それじゃ，さらに組合せをいろんな分野に応用していこう！　かなり，面白いよ!!

● 碁盤目状の最短経路も $_n\mathrm{C}_r$ で解ける！

　日本では比較的少ないんだけれど，京都や札幌などには，道路が碁盤目状 (格子状) に通っているのは知ってるね。このような碁盤目状の道路のある町で，ある地点から別の地点に移動する最短経路の問題に，組合せの数 $_n\mathrm{C}_r$ は非常に役に立つんだよ。これから，その計算手法を詳しく解説しよう！

　図 2 に示すように，たて 2 区間，横 2 区間の碁盤目状の道路が通る町の A 地点から B 地点に向かう最短経路について考えよう。最短の経路だから，当然右に行く ($\rightarrow$) か，上に行く ($\uparrow$) の 2 通りだけで，左に引き返したり ($\leftarrow$)，下に引き返す ($\downarrow$) ことはないね。図 2 に，3 つほど最短経路の例を示しておいたけれど，これをさらに模式図的に図 3 に 2 つの記号 ($\uparrow$ と $\rightarrow$) で示しておいた。

図 3 から，この A から B にいく最短経路の総数を計算するアイデアが浮かんでこない？…そうだね。図 4 に示すように，これは，x_1，x_2，x_3，x_4 の 4 つの座席から，右に行く ($\rightarrow$)2 つを選び出す場合の数になるんだね。だから，この場合の最短経路の総数は

$$_4\mathrm{C}_2 = \frac{4!}{2!\,2!} = \frac{4\cdot 3\cdot 2\cdot 1}{2\cdot 1\times 2\cdot 1} = 6 \text{ 通りと計算できる。}$$

図 2　最短経路の問題

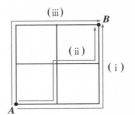

図 3　最短経路の模式図

(i) 　$\rightarrow$　$\rightarrow$　$\uparrow$　$\uparrow$

(ii) 　$\rightarrow$　$\uparrow$　$\rightarrow$　$\uparrow$

(iii) 　$\uparrow$　$\uparrow$　$\rightarrow$　$\uparrow$

·····················

図 4　組合せの数 $_4\mathrm{C}_2$ の利用

　これは，もちろん，4 つの座席 x_1，x_2，x_3，x_4 から上に行く ($\uparrow$)2 つを選び出すと考えても同じ結果が導ける。

このように，碁盤目状の道路の最短経路の総数は，全体として，たて・横計 n 区間のうち，横に行く r 区間を選び出す場合の数 $_n\mathrm{C}_r$ で計算すること

> これをたてに行く $n-r$ 区間としてもいい。

ができるんだね。

今回の例では，たて・横 4 区間のうち，横に行く ($\rightarrow$)2 区間を選び出す場合の数として，$_4\mathrm{C}_2 = 6$ 通りが算出できたんだ。どう？　これで，最短経

路の数と組合せの数の関係がマスターできただろう？ それじゃ，次の練習問題をやってみよう。

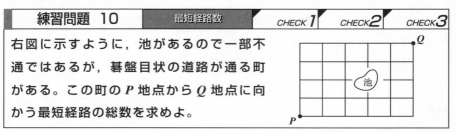

練習問題 **10**　　最短経路数　　CHECK **1**　　CHECK **2**　　CHECK **3**

右図に示すように，池があるので一部不通ではあるが，碁盤目状の道路が通る町がある。この町の P 地点から Q 地点に向かう最短経路の総数を求めよ。

池が入ってるので，難しいって？ そうだね。でも，こういう問題はまず，池がなかった場合の最短経路の総数を計算する。次に，池を通る最短経路の総数を求めて，それを全経路数から引けばいいんだよ。本質的に余事象の考え方だね。

　右図に示すように，池がなかったとしたら，点 P から点 Q に向かう最短経路の総数 $n(U)$ は，たて横 9 区間のうち，横に行く $(\rightarrow)$ 5 区間を選び出す場合の数に等しいので，

$$n(U) = {}_9C_5 = \frac{9!}{5!\,4!} = \frac{9 \cdot 8 \cdot 7 \cdot 6 \cdot 5 \cdot 4 \cdot 3 \cdot 2 \cdot 1}{5 \cdot 4 \cdot 3 \cdot 2 \cdot 1 \times 4 \cdot 3 \cdot 2 \cdot 1}$$

$$= \frac{9 \cdot 8^2 \cdot 7 \cdot 6}{4 \cdot 3 \cdot 2} = 9 \cdot 2 \cdot 7 = 126 \text{ 通りとなる。}$$

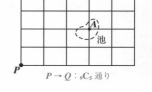

$P \rightarrow Q : {}_9C_5$ 通り

次に，池がなかったとしたら通れたはずの A 地点を考えると，池を通る最短経路は

$P \longrightarrow A \longrightarrow Q$ のルートになる。

$\begin{cases} P \rightarrow A : {}_5C_3 \text{ 通り} \\ A \rightarrow Q : {}_4C_2 \text{ 通り} \end{cases}$

- 点 P から点 A に向かう最短経路数は，たて横 5 区間のうち，横に行く $(\rightarrow)$3 区間を選ぶ場合の数に等しいので，

$${}_5C_3 = \frac{5!}{3!\,2!} = \frac{5 \cdot 4}{2 \cdot 1} = 10 \text{ 通り}$$

- 点 A から点 Q に向かう最短経路数は，たて横 4 区間のうち横に行く $(\rightarrow)$ 2 区間を選び出す場合の数に等しいので，

$$_4C_2 = \frac{4!}{2!2!} = \frac{4 \cdot 3}{2 \cdot 1} = 6 \text{ 通りとなる}_\circ$$

以上より，**P → A** に行き，かつ **A → Q** に行く，すなわち池を通る最短経
$$\underbrace{(_5C_3 = 10 \text{ 通り})}_{} \qquad \underbrace{(_4C_2 = 6 \text{ 通り})}_{}$$

路の数を $n(A)$ とおくと，"積の法則"より，

$$\underline{n(A)} = 10 \times 6 = 60 \text{ 通りとなる}_\circ \leftarrow \boxed{\text{池を通る最短経路の数}}$$

よって，求める池を通らない点 P から点 Q に向かう最短経路の数を $n(\overline{A})$
とおくと，

$$n(\overline{A}) = n(U) - n(A) = 126 - 60 = 66 \text{ 通りとなる}_\circ$$

| 池を通ら | 全経路数 | 池を通る |
| ない経路数 | | 経路数 |

どう？　面白かった？

● 組に区別があるかどうかに注意しよう！

さァ，次，組分け問題についても解説しよう。組分け問題でも，組合せ
の数 $_nC_r$ が重要な役割を演じるんだけれど，ここではさらに，組分けする
組に区別があるかどうかも，重要なポイントになるんだよ。今回は，最初
から練習問題を利用して，この組分け問題を説明することにしよう。

| 練習問題 11 | 組分け問題 | CHECK 1 | CHECK 2 | CHECK 3 |

(1) 6 人の生徒を，次のように 3 つの組に分ける方法は何通りあるか。

　(i) A，B，C という名前のついた 3 つの組に 2 人ずつ分ける方法

　(ii) ただ 2 人ずつ 3 つの組に分ける方法

(2) 9 冊の異なる絵本を 5 冊，2 冊，2 冊の 3 組に分ける方法は何通り
　　あるか。

(1) の (i)(ii) では，同じく 2 人ずつ 3 つの組を作るんだけれど，(i) の 3 つ
の組には A，B，C という名前がついていて，互いに区別できるね。これに対
して (ii) ではただ 2 人ずつ 3 つの組をつくるだけなので，組に区別はない。
この違いが重要なんだ！

(1)(ⅰ) 6人の生徒を a, b, c, d, e, f とおこう。

(ア) この6人から2人を選んで，A という組を作る場合の数は ${}_6C_2$ 通りだね。

(イ) 次，残りの4人から2人を選んで，B という組を作る場合の数は ${}_4C_2$ 通りとなる。

(ウ) 最後に残った2人は自動的に C という組を作るので，この場合の数は当然，${}_2C_2 = 1$ 通りだね。

以上(ア)(イ)(ウ) より，"積の法則" から A, B, C の3つの組を作る作り方の総数は，

$$\underbrace{{}_6C_2 \times {}_4C_2 \times {}_2C_2}_{①} = \frac{6!}{2!(6-2)!} \times \frac{4!}{2!(4-2)!} \times 1$$

$$= \frac{6!}{2!\,4!} \times \frac{4!}{2!\,2!} = \frac{6 \cdot 5 \cdot 4 \cdot 3 \cdot 2 \cdot 1}{2 \cdot 1 \times 2 \cdot 1 \times 2 \cdot 1} = 90 \text{ 通り}$$

となる。これが，A, B, C のように "組に区別がある" 場合の組分け計算の要領なんだよ。ここまでは，納得いった？

(ⅱ) 次，(ⅰ) と同様に2人ずつ3つの組に分けるんだけれど，今回は3つの組に名前がないので，"組に区別がない" 場合の組分け問題だね。この場合，(ⅰ) の3つの組に区別がある場合に計算した組分けの数（90通り）を，組の数3の階乗（3!）で割ればいいだけだ。

$$\underbrace{\frac{\boxed{90}}{\boxed{3!}}}_{} = \frac{90}{3 \cdot 2 \cdot 1} = \frac{90}{6} = 15 \text{ 通りが答えになる。}$$

（上：3つの組に区別があるときの場合の数／下：組の数3の階乗）

エッ，何でこうなるのか分からないって？ 当然だ！ 詳しく解説しよう。

a, b, c, d, e, f の6人の生徒がたとえば (a, b), (c, d), (e, f) の3つの組に組分けされたとしよう。この場合，この3つの組に，A, B, C

図5 組分け問題

(ⅰ) 組に区別あり

A	B	C
(a, b),	(c, d),	(e, f)
(a, b),	(e, f),	(c, d)
(c, d),	(a, b),	(e, f)
(c, d),	(e, f),	(a, b)
(e, f),	(a, b),	(c, d)
(e, f),	(c, d),	(a, b)

$\left.\right\}$ 3! = 6 通り

(ⅱ) 組に区別なし

(a, b), (c, d), (e, f) の1通り

$\Longleftrightarrow$

というように，（ i ）組に区別がある場合には図 5 の（ i ）に示すように，(a, b)，(c, d)，(e, f) の 3 つの組が，A，B，C のどの組になるかによって，$\underline{3! = 3 \cdot 2 \cdot 1 = 6\text{ 通り}}$ の場合が存在するんだね。これに対して，（ ii ）組に区別がない場合は，ただ，(a, b)，(c, d)，(e, f) の 3 つに組分けされた $\underline{1\text{ 通り}}$ だけになるんだね。よって，組に区別がある場合の組分けの数を，組の数の階乗で割ったものが，組に区別がない場合の組分けの数になるんだね。エッ，これって，順列の数 $_nP_r$ と組合せの数 $_nC_r$ の関係とよく似てるって？ よく覚えてるね。その通りだ！ 関連させて覚えておくと忘れないと思うよ。

次，(2) の解説に入ろう。これは，9 冊の異なる絵本を 5 冊，2 冊，2 冊の 3 組に組分けするわけだから，まずこの 3 組に区別があるとすると，(1) の（ i ）と同様に，

$$_9C_5 \times {}_4C_2 \times {}_2C_2 = \frac{9!}{5!4!} \times \frac{4!}{2!2!} \times 1 = \frac{9 \cdot \overset{2}{8} \cdot 7 \cdot 6 \cdot \overset{}{5} \cdot \overset{}{4} \cdot \overset{}{3} \cdot \overset{}{2} \cdot \overset{}{1}}{\overset{}{5} \cdot \overset{}{4} \cdot \overset{}{3} \cdot \overset{}{2} \cdot \overset{}{1} \times 2 \cdot \overset{}{1} \times 2 \cdot \overset{}{1}}$$

> 9 冊から 5 冊を選んで A 組とする。

> 残り 4 冊から 2 冊を選んで，B 組とする。

> 残りの 2 冊を C 組とする。

$$= 9 \cdot 2 \cdot 7 \cdot 6 = 756\text{ 通りとなるね。}$$

でも，本当はこの 3 つの組に区別はないので，これを 3! で割ればいいって？ ダメダメ！ 今回の問題をよく見てくれ！ 確かに，5 冊，2 冊，2 冊の 3 つの組に名前は付いていないけど 5 冊と 2 冊の組は明らかに区別がつくだろう。だから，今回区別がつかないのは 2 組の 2 冊の組なので，組に区別ありとして計算した 756 通りを，2! で割ればいいんだね。

よって，求める今回の答えは，

$$\frac{_9C_5 \times {}_4C_2 \times {}_2C_2}{\boxed{2!}} = \frac{756}{2 \cdot 1} = 378\text{ 通りとなる。どう，面白かった？}$$

> 2 組の 2 冊の組の区別がない！

4th day　確率の基本

　おはよう！ みんな元気そうで, 何よりだ！ それでは, 今日から新しい
テーマ "確率^{かくりつ}" の講義に入ろう。エッ, 少し緊張するって？ 大丈夫。前回
まで勉強した "場合の数" の考え方が, "確率" でも至るところで活かせ
るから, 違和感なく入っていけると思うよ。

　今回は, 確率の基本として, "確率の加法定理^{かほうていり}" や "余事象の確率^{よじしょう}" ま
で教えるけれど今回も分かりやすく親切に解説するから, 全部マスターで
きるはずだ。それじゃ, 早速, 確率の講義を始めよう！

● 確率って, 何だろう？

　これまでさまざまな勉強をしてきたけれど, たとえば2次方程式 $x^2 = 1$
の解は, $x = \pm 1$ と定まるし, 事象 $A = \{2, 4, 6\}$ の場合の数は $n(A) = 3$ と
確定することができた。これに対して, 「正しいサイコロを1回投げて,
間違いなく1の目が出る」とか, 「コインを1回投げて, 絶対裏が出る」
とか言うことはできないね。ただ, 1の目が出たり, 裏が出たりする確か
らしさを表現できるだけなんだね。このように, ある出来事 (事象) が起
こる確からしさを数値で表現したもの, それが "確率" なんだね。これか
らこの確率について, 詳しく勉強していこう。

　まず, 確率を勉強する上で, 最初に覚えておかなければならない言葉が,
"試行^{しこう}" と "事象^{じしょう}" だ。事象については, "場合の数" のところでも話し
たけれど, ここでもう1度おさらいしておこう。

　コインやサイコロを投げたり, カードを引いたり, 何度でも同様のこと
を繰り返せる行為のことを "試行^{しこう}" と呼ぶ。そして, その結果, 表が出た
り, 1の目が出たり, エースが出たりする "ことがら" のことを "事象^{じしょう}"
と呼ぶ。そして, 事象を A, B, C, X, T などの大文字のアルファベット
で表すことが多いのも知ってるね。さらに, この事象と集合とは同様に
みなすことが出来て, 集合 A の "要素^{ようそ}" に対応するものとして事象 A の
"根元事象^{こんげんじしょう}" を考えることができる。"根元事象" とは, たとえば1つのサ
イコロを1回投げたとき, "1の目が出る", "2の目が出る", …, "6

の目が出る" のように, これ以上簡単なものに分けられない最も基本的な
事象のことだ。コインを1回投げた場合の根元事象は当然, "表が出る"
と "裏が出る" の2つだね。ン, 少し混乱してきたって？ いいよ。これま
でのことを下にまとめておこう。

試行・事象・根元事象

試行：何度でも同様のことを繰り返すことのできる行為。

事象：試行の結果起こることがら。

根元事象：事象の中でもこれ以上簡単にならない1つ1つの

基本的な事象のこと。← 集合の要素に当たる

では, 準備も整ったので, 事象 A の起こる確率 $P(A)$ を定義しよう。

英語で "確率" を "$\underline{P}robability$" というので, その頭文字 $\underline{P}$ で確率を表すことが多いよ。

確率の定義

すべての根元事象が同様に確からしいとき,

事象 A の起こる確率 $P(A)$ は,

全事象 U
事象 A

$$P(A)=\frac{n(A)}{n(U)}=\frac{事象 A の場合の数}{全事象 U の場合の数}\left[=\frac{\bigcirc}{\square}\right]$$

これで, 確率のイメージが大体つかめたと思う。すべての根元事象が同様
に確からしいという条件は付くけれど, 事象 A の確率 $P(A)$ は, 事象 A の場合の数
$n(A)$ を全事象の場合の数 $n(U)$ で割れば求まるので, 前回勉強したさまざまな "場
合の数" の知識が, 確率計算にも活かせるってことなんだ。どう？ やる気が出て
きた？ ウン, いいね！

それでは, 簡単な確率の計算をやっておこう。1つの正しいサイコロを1回振っ
て, 2以下の目が出る確率を求めてみよう。1つのサイコロを1回投げたとき, 出
る目は, 1, 2, 3, 4, 5, 6 の6つだから, この場合の全事象 U は,

$U=\{1, 2, 3, 4, 5, 6\}$ と表せるね。よって, 全事象の場合の数 $n(U)$ は, $n(U)=6$ と
なる。

これは, "1の目が出る", "2の目が出る", …, "6の目が出る"
の6つの根元事象を簡単化して, 集合のように示したものなんだね。

また，**2** 以下の目が出ることを事象 **A** とおくと，事象 **A** は $A = \{1, 2\}$ と表

> これも，"**1** の目が出る" か "**2** の目が出る" を省略して示したもの

せる。これから，事象 **A** の場合の数 $n(A) = 2$ となるね。

　ここで，正しいサイコロと言ってるわけだから，**1** から **6** までのどの目も同様に確からしく出ると考えられる。以上より，求める事象 **A** の起こる確率 $P(A)$ は，　　$P(A) = \dfrac{n(A)}{n(U)} = \dfrac{2}{6} = \dfrac{1}{3}$　となるんだね。

　エッ，簡単だって？　そうだね。数学って最初は易しいんだよ。でも，易しいうちにシッカリ基礎固めをやっておくことだ。すると，そのうちレベルが上がっても楽についていけるようになるんだよ。

　ところで，この確率 $P(A) = \dfrac{1}{3}$ の意味は，みんな分かってる？　エッ，確率が $\dfrac{1}{3}$ だから，"**3** 回サイコロを振ったら，その内必ず **1** 回は **2** 以下の目が出る" ことだろうって？　ウ～ン，残念ながら正しい理解とは言えないね。確率 $\dfrac{1}{3}$ とは，**3** 回中必ず **1** 回はその事象 **A** が起こると言ってるんではないよ。でも，試行回数を **3000** 回，**30000** 回，… と，どんどん大きくしていくと，そのうちほぼ**1000** 回，**10000** 回，… と，$\dfrac{1}{3}$ の割合で事象 **A** が起こると言っているんだよ。だから，確率を考えるときは，広～い心，長～い目で見ていかなければいけないんだね。これも，確率の重要な特徴だ。

　もう **1** つ，確率計算で重要なポイントは，"すべての根元事象が同様に確からしい" という条件なんだ。この重要さは次の例で分かってもらえると思う。

　たとえば，a チームと b チームの **2** つのサッカー・チームが試合をしたとしよう。引き分けはないものとする。このとき，a チームが勝つ確率はどうなるか，考えてごらん。……，a チームが勝つか，b チームが勝つかだから，全事象の場合の数は **2** 通りだね。そして，a チームが勝つのは **1** 通りだから，a チームが勝つ確率は当然 $\dfrac{1}{2}$ になるって，やっちゃった人いない？

やっぱりいるか！ でも，これは，メチャクチャな計算なんだね。何故だか分かる？ たとえば，a チームが W 杯に出場したサムライ・ジャパンで，一方，b チームは東銀座商店街の有志のチームだったら，どう？ このとき，「a チームが勝つ確率は，$\frac{1}{2}$ です。」なんて言ったら，サムライ・ジャパンに対して失礼もいいところだよね。

これは，元々 a チームと b チームの勝つそれぞれの根元事象が同様に確からしくないにもかかわらず，同様に確からしいとして確率計算したところに，大きな誤りがあったんだね。だから，確率計算する前に，この"根元事象が同様に確からしい"の条件がみたされているか否かを必ず確認しておく必要があるんだよ。大丈夫だね。

さらに，確率の最も基本的な性質として，確率 $P(A)$ のとり得る値の範囲が $0 \leqq P(A) \leqq 1$ となることも覚えておこう。

たとえば，1 つのサイコロを 1 回投げて，7 の目が出ることはあり得ない。だから，この事象は空事象 ϕ となって，その場合の数 $n(\phi)$ も当然 0 だ。よって，$A = \phi$ のとき，

$$P(A) = P(\phi) = \frac{n(\phi)}{n(U)} = \frac{0}{6} = 0 \quad \text{となる。これが，確率の最小値だ。}$$

$U = \{1, 2, 3, 4, 5, 6\}$ だから，$n(U) = 6$

これに対して，事象 A が，"1 の目が出るか，または 2 の目が出るか，…，または 6 の目が出る"ことであったとすると，これは全事象 U と一致するだろう。つまり，$A = U$ となるんだね。この場合の確率 $P(A)$ は，

$$P(A) = P(U) = \frac{n(U)}{n(U)} = \frac{6}{6} = 1 \quad \text{となって，これが確率の最大値になる。}$$

よって，一般に，事象 A の起こる確率は必ず $0 \leqq P(A) \leqq 1$ の条件をみたすんだよ。よく，"100% 確実に起こる"とか言うけれど，これは $P(A) = 1$ のことを言ってたんだね。

それじゃ，練習問題をやって確率計算の基本に慣れていこう。

(1) 2 枚のコインを同時に投げて，表と裏が出る確率を求めよ。

(2) A, B 2 つのサイコロを同時に投げたとき，2 つの目の数の和が 4 の
　　倍数となる確率を求めよ。

---

(1) 2 枚のコインを投げると，(表，表)，(表，裏)，(裏，裏)の 3 通りだから，
(表，裏)となる確率は $\dfrac{1}{3}$ とやってはいけないよ。同様に確からしい根元事象
は 4 つあることに気を付けよう。**(2)** A, B 2 つのサイコロの目を a, b とおくと，
$a+b=4$ または 8 または 12 になる場合の数を求めて，確率を計算すればいい。
それじゃ，具体的に解説していこう。

(1) 問題文では，2 枚のコインを特に区別していないんだけれど，確率の計
　　算では同様に確からしい根元事象を調べないといけないので，コイン
　　に X, Y の区別があるように考えないといけない。すると，

　　　$(X, Y) =$ (表，表)，(表，裏)，(裏，表)，(裏，裏)の 4 通りの同様
　　に確からしい根元事象が得られるね。よって，全事象の場合の数 $n(U)$
　　$=4$ となる。また，"表と裏が出る"事象を A とおくと，その場合の
　　数 $n(A)$ は，$n(A) = 2$ となる。

　　以上より，事象 A の起こる確率 $P(A)$ は，

　　　$P(A) = \dfrac{n(A)}{n(U)} = \dfrac{2}{4} = \dfrac{1}{2}$ となって，求まるんだね。

> $(a, b) = (6, 6)$ のとき
>
> $(a, b) = (1, 1)$ のとき

(2) A, B 2 つのサイコロの目をそれぞれ a, b とおくと，$\underline{2} \leqq a+b \leqq \underline{12}$
　　より，$a+b$ が 4 の倍数となるのは，$a+b=4$ または 8 または 12 の
　　ときだけだね。

　　(i) $a+b=4$ のとき，

　　　　$(a, b) = (\underline{1}, 3), (\underline{2}, 2), (\underline{3}, 1)$ の 3 通り

> a の値を小さい順に
> システマティックに
> 並べた。(辞書式)

　　(ii) $a+b=8$ のとき，

　　　　$(a, b) = (\underline{2}, 6), (\underline{3}, 5), (\underline{4}, 4), (\underline{5}, 3), (\underline{6}, 2)$ の 5 通り

　　(iii) $a+b=12$ のとき，

　　　　$(a, b) = (\underline{6}, 6)$ の 1 通り

以上より，"$a+b$ が 4 の倍数となる"事象を C とおくと，事象 C の場合の数 $n(C) = 3+5+1 = 9$ 通り

また，全事象の場合の数 $n(U) = 6^2 = 36$ 通り

> 2 つのサイコロはそれぞれ 1 ～ 6 の目が出る。

そして，$(a, b) = (1, 1)$ から $(6, 6)$ までの 36 通りの根元事象はどれも同様に確からしく起こるのは分かるね。よって，求める確率 $P(C)$ は，

$$P(C) = \frac{n(C)}{n(U)} = \frac{9}{36} = \frac{1}{4}$$ と，答えが出てくる。

これで，確率の基本も分かったと思う。それじゃ，次，"**確率の加法定理**"について解説しよう。エッ，難しそうだって？ そんなことないよ。"**集合**"や "**場合の数**" のところでたく山練習した "ペタン，ペタン，ピロッ！" の確率ヴァージョンのことだからね。

● **確率の加法定理をマスターしよう！**

同様に確からしい根元事象から成る有限な全事象 U と，それに含まれる 2 つの事象 A, B について考えよう。$A \cup B$ を "**和事象**"，$A \cap B$ を "**積事象**"

> A または B

> A かつ B

と呼ぶことも覚えているね。すると，和事象 $A \cup B$ の起こる確率 $P(A \cup B)$ は，（ i ）$A \cap B = \phi$（空事象）か，（ ii ）$A \cap B \neq \phi$ かによって，次のように計算することができる。これを "**確率の加法定理**" というんだよ。

確率の加法定理

（ i ）$A \cap B = \phi$（A と B が互いに排反）のとき， ← 柿の種 がない

$$P(A \cup B) = P(A) + P(B)$$

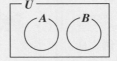

（ ii ）$A \cap B \neq \phi$（A と B が互いに排反でない）のとき，

$$P(A \cup B) = P(A) + P(B) - P(A \cap B)$$

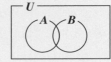

これって，"場合の数"のときの $n(A \cup B)$ の公式と同じだって？ そうだね。確率の定義から，すべての根元事象が同様に確からしいのであれば，ある事象の場合の数を全事象の場合の数 $n(U)$ で割ったものが確率になるわけだから，当然の結果なんだね。つまり，

(ⅰ) $A \cap B = \phi$ (A と B が互いに排反) のとき，

$$n(A \cup B) = n(A) + n(B) \quad \left[\bigcirc\!\!\!\bigcirc = \bigcirc + \bigcirc \right] \quad だから，$$

この両辺を全事象の場合の数 $n(U)$ ($\neq 0$ とする) で割って，

$$\underbrace{\frac{n(A \cup B)}{n(U)}}_{P(A \cup B)} = \underbrace{\frac{n(A)}{n(U)}}_{P(A)} + \underbrace{\frac{n(B)}{n(U)}}_{P(B)} \quad より，\ "確率の加法定理" の 1 つ$$

$P(A \cup B) = P(A) + P(B)$ が導けるんだね。同様に，

(ⅱ) $A \cap B \neq \phi$ (A と B が互いに排反でない) のとき，

$$n(A \cup B) = n(A) + n(B) - n(A \cap B) \quad \left[\bigcirc\!\!\bigcirc = \bigcirc + \bigcirc - \emptyset \right]$$

だから，この両辺を $n(U)$ で割って，

$$\underbrace{\frac{n(A \cup B)}{n(U)}}_{P(A \cup B)} = \underbrace{\frac{n(A)}{n(U)}}_{P(A)} + \underbrace{\frac{n(B)}{n(U)}}_{P(B)} - \underbrace{\frac{n(A \cap B)}{n(U)}}_{P(A \cap B)} \quad より，$$

もう 1 つの "確率の加法定理"

$P(A \cup B) = P(A) + P(B) - P(A \cap B)$ も導けるんだね。納得いった？

それじゃ，練習問題で，この確率の加法定理の練習をしよう。

練習問題 13	加法定理 (Ⅰ)	CHECK 1	CHECK 2	CHECK 3

赤球 6 個と白球 4 個の入った袋から，無作為に同時に 2 個の球を取り出すとき，その取り出した 2 個の球が同色である確率を求めよ。

取り出した 2 個の球が同色であるということは，2 個とも赤球であるか，または 2 個とも白球であるかの 2 つの事象に分けて考えるといいんだね。

まず，全事象の場合の数 $n(U)$ から求めよう。これはどうなる？

そうだね。赤球 **6** 個，白球 **4** 個の計 **10** 個から **2** 個取り出す場合の数が $n(U)$ だから，

$$n(U) = {}_{10}C_2 = \frac{10!}{2! \cdot 8!} = \frac{10 \cdot 9}{2 \cdot 1} = 45 \text{ 通り}$$

2 個取り出す
○○

赤 **6** 個
白 **4** 個

となるね。

そして，この **10** 個からどの **2** 個を取り出すこと

$$\frac{10 \cdot 9 \cdot 8 \cdot 7 \cdot 6 \cdot 5 \cdot 4 \cdot 3 \cdot 2 \cdot 1}{2 \cdot 1 \times 8 \cdot 7 \cdot 6 \cdot 5 \cdot 4 \cdot 3 \cdot 2 \cdot 1}$$

この操作は頭の中でやろう！

も，いずれも確からしいと考えていいから，確率計算ができるんだね。

ここで，"取り出された **2** 個の球が同色である"ということは次の **2** つの事象 A, B に分けることができるね。

$\begin{cases} \text{事象 } A : \textbf{2} \text{ 個とも赤球} \\ \text{事象 } B : \textbf{2} \text{ 個とも白球} \end{cases}$

そして，この **2** つの事象 A, B が互いに排反なのも分かるね。"**2** 個とも赤球であり，かつ白球である"(??)なんてことは，あり得ないからね。つまり，

$A \cap B = \phi$ (A と B は互いに排反)より，求める確率 $P(A \cup B)$ は，

2 個とも赤球か，または白球の確率

確率の加法定理より，

ペタン，ペタンでおしまい！

$$P(A \cup B) = P(A) + P(B) \cdots\cdots ① \quad \text{となるんだね。}$$

$\dfrac{n(A)}{n(U)}$　$\dfrac{n(B)}{n(U)}$

ここで，$n(A)$ は，**6** 個の赤球から **2** 個の赤球を取り出す場合の数だから，

$$n(A) = {}_6C_2 = \frac{6!}{2! \cdot 4!} = \frac{6 \cdot 5}{2 \cdot 1} = 15 \text{ 通りとなる。}$$

同様に，$n(B)$ は，**4** 個の白球から **2** 個を取り出す場合の数のことだから，

$$n(B) = {}_4C_2 = \frac{4!}{2! \cdot 2!} = \frac{4 \cdot 3}{2 \cdot 1} = 6 \text{ 通りとなる。}$$

以上より，A, B の起こる確率 $P(A)$, $P(B)$ はそれぞれ，

$$P(A) = \frac{n(A)}{n(U)} = \frac{15}{45}, \quad P(B) = \frac{n(B)}{n(U)} = \frac{6}{45} \quad \text{となるね。}$$

まだ計算の途中なので，$\dfrac{1}{3}$ や $\dfrac{2}{15}$ としなくてもいいよ。

これらを①に代入して，求める確率 $P(A \cup B)$ は，

$$P(A \cup B) = \frac{15}{\underbrace{45}_{P(A)}} + \frac{6}{\underbrace{45}_{P(B)}} = \frac{21}{45} = \frac{7}{15}$$ と求められるんだね。

次，$A \cap B \neq \phi$ の場合の確率の加法定理の計算練習もやっておこう。

練習問題 14	加法定理(Ⅱ)	CHECK 1	CHECK 2	CHECK 3

2つのサイコロ A, B を同時に投げて，出た目をそれぞれ a, b とおく。$|a-b|=3$ となるか，または $a+b \geqq 9$ となる確率を求めよ。

これは，$|a-b|=3$ と $a+b \geqq 9$ をそれぞれ事象 X, Y とおいて，$P(X \cup Y)$ を求めるんだね。今回，X と Y は排反ではないので，
$P(X \cup Y) = P(X) + P(Y) - P(X \cap Y)$ の公式を使うんだよ。サァ，実際に解いてみよう！　　$\boxed{\text{ペタン，ペタン，ピロッ！}}$

2つのサイコロ A, B の出る目 a, b はそれぞれ6通りずつだから，(a, b) の目の出方は全部で 6×6 通りで，これが今回の全事象の場合の数 $n(U)$ となる。よって，$n(U) = 6^2 = 36$ 通りだね。また，これらの根元事象はどれも "同様に確からしい" と言えるね。

ここで，2つの事象 X, Y を次のようにおく。

$\begin{cases} \text{事象 } X : |a-b|=3 \\ \qquad \boxed{|\pm 3| = 3 \text{ より，} a-b=3 \text{ または } -3 \text{ のこと}} \\ \text{事象 } Y : a+b \geqq 9 \end{cases}$

まず，事象 X は，$a-b=3$ または -3 のことなので，
$$(a, b) = (4, 1), (5, 2), \underline{(6, 3)} \leftarrow \boxed{a-b=3 \text{ のとき}}$$
$$\qquad\qquad (1, 4), (2, 5), \underline{(3, 6)} \leftarrow \boxed{a-b=-3 \text{ のとき}}$$
の6通りだ。よって，$n(X) = 6$ だね。　$\boxed{\text{辞書式にシステマティックに並べた！}}$

次に，事象 Y は，$a+b=9$ または 10 または 11 または 12 のことなので，
$$(a, b) = \underline{(3, 6)}, (4, 5), (5, 4), \underline{(6, 3)} \leftarrow \boxed{a+b=9 \text{ のとき}}$$
$$\qquad\qquad (4, 6), (5, 5), (6, 4) \leftarrow \boxed{a+b=10 \text{ のとき}}$$
$$\qquad\qquad (5, 6), (6, 5) \leftarrow \boxed{a+b=11 \text{ のとき}}$$
$$\qquad\qquad (6, 6) \leftarrow \boxed{a+b=12 \text{ のとき}}$$

の **10** 通りとなる。よって，$n(Y) = 10$ だ。

また，X と Y の積事象 $X \cap Y$ は，$(a, b) = \underline{(3, 6)}$ と $\underline{(6, 3)}$ の **2** 通り

だけなので，$n(X \cap Y) = 2$ となる。

以上より，$n(U) = 36$，$n(X) = 6$，$n(Y) = 10$，$n(X \cap Y) = 2$ が分かったので，

いよいよ確率 $P(X \cup Y)$ の計算だ。

今回は，$X \cap Y \neq \phi$ (X と Y は互いに排反ではない) なので，確率の加法定理

より，

$$P(X \cup Y) = P(X) + P(Y) - P(X \cap Y)$$

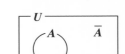

$$= \frac{n(X)}{n(U)} + \frac{n(Y)}{n(U)} - \frac{n(X \cap Y)}{n(U)}$$

$$= \frac{6}{36} + \frac{10}{36} - \frac{2}{36} = \frac{14}{36} = \frac{7}{18} \quad \text{となって，答えだ！}$$

● **"少なくとも" がきたら，余事象の出番だ！**

　事象 A に対してその余事象 $\overline{A}$ は，全事象 U に属するけれど事象 A には属さない事象のことなんだね。つまり，$\overline{A}$ は，"A でない事象"，すなわち A の否定と考えていい。当然，$A \cap \overline{A} = \phi$ だから，

図1　余事象の確率 $P(\overline{A})$

$$n(U) = n(A) + n(\overline{A}) \quad \text{となる。}$$

$$\left[\quad \rule{1.5cm}{0pt} \quad = \quad \overset{\text{ペタン}}{\bigcirc} \quad + \quad \overset{\text{ペタン}}{\boxed{\bigcirc}} \quad \right]$$

この両辺を全事象の場合の数 $n(U)$ (>0) で割ると，

$$\underbrace{\frac{n(U)}{n(U)}}_{\text{1(全確率)}} = \underbrace{\frac{n(A)}{n(U)}}_{P(A)} + \underbrace{\frac{n(\overline{A})}{n(U)}}_{P(\overline{A})} \quad \text{より，} P(A) + P(\overline{A}) = 1 \text{ が導けるんだね。}$$

確率 **1** をこれから "全確率" と呼ぶことにしよう。

それでは，余事象の確率 $P(\overline{A})$ について，基本事項をまとめておくよ。

余事象の確率 $P(\overline{A})$

(1) $P(A) + P(\overline{A}) = 1$ $\qquad$ (2) $P(A) = 1 - P(\overline{A})$

特に，(2) の公式は，$P(A)$ を直接求めるよりも余事象の確率 $P(\overline{A})$ を求める方が楽なときに役に立つんだね。それじゃ，練習問題を解こう！

練習問題 15	余事象の確率	CHECK 1	CHECK 2	CHECK 3

袋の中に，1 から 5 までの数字が書かれた球が 2 個ずつ合計 10 個入っている。この袋から，無作為に同時に 4 個の球を取り出すとき，この 4 つの球に書かれた数字の積が偶数である確率を求めよ。

"取り出した 4 つの球に書かれた数字の積が偶数である" ということが，どういうことか分かる？ たとえば，(②，①，①，⑤) の 4 つが取り出されたとすると，その数字の積は $2 \times 1 \times 1 \times 5 = 10$ となって，偶数になるでしょう。つ

（偶数）

まり，この事象は，"4 つの球に書かれた数字のうち少なくとも 1 つが偶数である" と同じことなんだね。ということは，"少なくとも 1 つ" という言葉がきてるので，当然余事象の確率から攻めていけばいいことが分かるはずだ。それじゃ，具体的に解いていくよ。

右図のように，1 から 5 までの数字が書かれた球が 2 個ずつ計 10 個入った袋から，無作為に 4 つの球を取り出すので，この全事象の場合の数 $n(U)$ は，

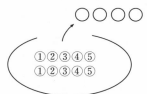

$$n(U) = {}_{10}\mathrm{C}_4 = \frac{10!}{4! \cdot 6!}$$

$$= \frac{10 \cdot \overset{3}{9} \cdot 8 \cdot 7}{4 \cdot 3 \cdot 2 \cdot 1} = 210 \text{ 通りとなり，どの 4 つの球が特に取り出され}$$

$\dfrac{10 \cdot 9 \cdot 8 \cdot 7 \cdot 6 \cdot 5 \cdot 4 \cdot 3 \cdot 2 \cdot 1}{4 \cdot 3 \cdot 2 \cdot 1 \times 6 \cdot 5 \cdot 4 \cdot 3 \cdot 2 \cdot 1}$ の計算は，頭の中でやってしまおう！

やすい，などということはないので，この取り出し方のすべての根元事象は同様に確からしいはずだ。

ここで，事象 A を次のようにおこう。

事象 A：取り出された 4 つの球の数字の積が偶数である。

ここで, (④, ①, ②, ⑤) や, (③, ③, ④, ①) などのように, **4** つの球の数字のうち少なくとも **1** つが偶数であれば, この **4** つの数の積は偶数になるので, 事象 A は次のように書き換えてもいいね。

事象 A: 取り出された **4** つの球の数字のうち, 少なくとも **1** つは偶数

(**2** または **4**) である。

ここで, 少なくとも **1** つは偶数であるとは, **4** 個中 **1** 個だけ, または **2** 個だけ, または **3** 個だけ, または **4** 個が偶数の数字になるということだけど, これを **1** つ **1** つ場合分けして, それぞれの確率を求めるのは, 面倒なんだね。

ここで役に立つのが, 余事象 $\overline{A}$ だ！「困ったときの余事象だのみ！」これは標語として覚えておいていいよ。では, 実際に, この余事象 $\overline{A}$ を次に示そう！

余事象 $\overline{A}$: 取り出された **4** つの球の数字がすべて奇数である。

"取り出された **4** つの球のどの数字も偶数でない" のことだね。

この余事象 $\overline{A}$ の場合の数 $n(\overline{A})$ はすぐ求まるね。そして, これを求めたら, $\dfrac{n(\overline{A})}{n(U)} = P(\overline{A})$ から, $\overline{A}$ の確率 $P(\overline{A})$ が算出できるというわけだ。この一連の流れは大丈夫だね。それじゃ, いくよ！

余事象 $\overline{A}$ は, ①, ①, ③, ③, ⑤, ⑤ の **6** つの奇数の書かれた球から **4** つを選び出すことなので, その場合の数 $n(\overline{A})$ は

$$n(\overline{A}) = {}_6C_4 = \frac{6!}{4! \cdot 2!} = \frac{6 \cdot 5}{2 \cdot 1} = 15 \text{ 通りとなるね。}$$

よって, 余事象 $\overline{A}$ の確率 $P(\overline{A})$ は $\quad P(\overline{A}) = \dfrac{n(\overline{A})}{n(U)} = \dfrac{15}{210} = \dfrac{1}{14}$ となる。

以上より, 求める確率 $P(A)$ は,

$$P(A) = 1 - P(\overline{A}) = 1 - \frac{1}{14} = \frac{14-1}{14} = \frac{13}{14} \text{ となって, 答えだ。面白かった？}$$

以上で, **"確率の基本"** についての今日の講義は終了です。

本質的に, **"場合の数"** の考え方とソックリだったので, 勉強しやすかったと思う。次回からは, より本格的な確率の解説に入ろう。今日やった基本はシッカリ復習しておいてくれ！じゃあまた…。

5th day　独立な試行の確率と反復試行の確率

　みんな，おはよう！ 今日で“確率”の講義も 2 日目だね。そして，今日
のテーマは，確率のメインテーマでもある“独立な試行の確率”と，その
応用である“反復試行の確率”なんだね。

　これをマスターすることにより，確率の様々な応用問題が解けるように
なるから，特に力を入れて教えるつもりだ。結構骨があるところだけど，
やる価値十分のところだから，頑張ろうな！

● 試行が独立って，どういう意味⁉

　コインを投げて表が出ることと，サイコロを振って 1 の目が出ることとは，全く
無関係なのは分かるね。コインを投げて表が出たからといって，サイコロを振っ
て 1 の目が特に出やすくなったり，出にくくなったりすることはないからね。

　このように，2 つ以上の試行の結果が，お互いに他に全く影響を与えないとき，
それらの試行を“互いに独立な試行”という。そして，この独立な試行の確率に
ついては，次のような重要な定理がある。

独立な試行の確率

　互いに独立な試行 T_1, T_2 について，試行 T_1 で事象 A が起こり，かつ

　試行 T_2 で事象 B が起こる確率は，$P(A) \times P(B)$ である。

　これは，2 つの試行 T_1, T_2 が互いに独立という条件は付くけれど，それ
ぞれの試行により，A が起こり，かつ B が起こる確率は，$P(A) \times P(B)$ とな
るので，確率の“積の法則”といってもいいんだね。

　これに対して，確率の“和の法則”も大丈夫だね。2 つの事象 A, B が
互いに排反のとき，A または B の起こる確率は，

　$P(A \cup B) = P(A) + P(B)$ 　となるんだったね。

　それぞれ 独立や排反の条件は付くんだけれど，確率の計算においても

$\begin{cases} (\text{i})\ \text{“かつ”ときたら，“積の法則”} \\ (\text{ii})\ \text{“または”ときたら，“和の法則”が成り立つんだね。} \end{cases}$

では，この独立な試行の確率を次の練習問題で具体的に求めてみよう。

練習問題 16　独立な試行の確率 (I)　　 CHECK3

(1) コインを 1 回投げて表が出，かつサイコロを 1 回振って 1 の目が出る確率を求めよ。

(2) サイコロを 3 回振って，順に偶数の目，2 以下の目，5 以上の目が出る確率を求めよ。

(3) a, b 2 人がある試験を受けて合格する確率は，それぞれ $\frac{2}{3}$ と $\frac{1}{4}$ である。このとき，1 人だけが合格する確率を求めよ。

---

(1) は簡単だね。(2) は，3 回サイコロを振る試行は互いに独立だから，それぞれ 3 つの確率の積を求めればいいんだね。(3) では，1 人だけ合格する確率なので，(i) a が合格かつ b が不合格か，または (ii) a が不合格かつ b が合格の，2 つの確率の和を求めるんだね。(3) では，確率の "積の法則" と "和の法則" の両方を使うことになる。

(1) コインを 1 回投げる試行を T_1，そして表が出る事象を A とおく。また，サイコロを 1 回振る試行を T_2，そして 1 の目が出る事象を B とおこう。ここで，T_1 と T_2 は互いに独立なので，事象 A が起こり，かつ事象 B の起こる確率は，独立な試行の確率より，$P(A) \times P(B)$ となる。

ここで，$P(A) = \dfrac{\overbrace{1}^{\text{表の 1 通り}}}{\underbrace{2}_{\text{表，裏の 2 通り}}}$,　　　$P(B) = \dfrac{\overbrace{1}^{\text{1 の目の 1 通り}}}{\underbrace{6}_{\text{1, 2, 3, 4, 5, 6 の目の 6 通り}}}$ より，

求める確率は，$P(A) \times P(B) = \dfrac{1}{2} \times \dfrac{1}{6} = \dfrac{1}{12}$　となるんだね。

(2) サイコロを 3 回振るとき，それぞれの回に出る目の結果は，互いに他に影響を及ぼすことはないので，独立な試行とみなせるね。ここで，1 回目に偶数の目が出る事象を A，2 回目に 2 以下の目が出る事象を B，3 回目に 5 以上の目が出る事象を C とおくと，事象 A が起こり，かつ事象 B が起こり，かつ事象 C が起こる確率は，独立な試行の確率より，$P(A) \times P(B) \times P(C)$ となる。

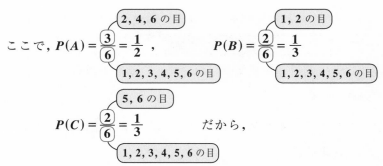

ここで, $P(A) = \dfrac{3}{6} = \dfrac{1}{2}$, $P(B) = \dfrac{2}{6} = \dfrac{1}{3}$

$P(C) = \dfrac{2}{6} = \dfrac{1}{3}$ だから,

サイコロを 3 回投げて, 順に偶数の目, 2 以下の目, 5 以上の目が出る確率は, $P(A) \times P(B) \times P(C) = \dfrac{1}{2} \times \dfrac{1}{3} \times \dfrac{1}{3} = \dfrac{1}{18}$ となる。このように, 3 つ以上の事象でも, 独立な試行の確率であれば, 積の法則が成り立つので, 確率を単純にかけていけばいいんだね。大丈夫?

(3) a, b が試験を受けて, それぞれ合格するかどうかは, 本人の実力次第だから, 互いに独立な試行と考えることができる。

ここで, a が試験を受けて合格する事象を A, b が試験を受けて合格する事象を B とおく。すると,

$P(A) = \dfrac{2}{3}$ だから, a が不合格となる確率 $P(\overline{A})$ は,

$P(\overline{A}) = 1 - P(A) = 1 - \dfrac{2}{3} = \dfrac{1}{3}$　　　A の余事象の確率

同様に, $P(B) = \dfrac{1}{4}$ だから, b が不合格となる確率 $P(\overline{B})$ は

$P(\overline{B}) = 1 - P(B) = 1 - \dfrac{1}{4} = \dfrac{3}{4}$　　　B の余事象の確率

ここで, a, b 2 人のうち 1 人だけが合格する場合として, 次の 2 通りが考えられるよね。

$\begin{cases} (\,\mathrm{i}\,) \ a \ \text{が合格して, かつ} \ b \ \text{が不合格となる。または,} \\ (\,\mathrm{ii}\,) \ a \ \text{が不合格で, かつ} \ b \ \text{が合格する。} \end{cases}$

以上 (i) (ii) より, a, b 2 人のうち 1 人だけが合格する確率は,

$$\underbrace{P(A) \times P(\overline{B})}_{\substack{(\text{i})\,A\,\text{が合格かつ} \\ B\,\text{が不合格} \\ (\text{積の法則})}} + \underbrace{P(\overline{A}) \times P(B)}_{\substack{(\text{ii})\,A\,\text{が不合格かつ} \\ B\,\text{が合格} \\ (\text{積の法則})}} = \underset{P(A)}{\frac{2}{3}} \times \underset{P(\overline{B})}{\frac{3}{4}} + \underset{P(\overline{A})}{\frac{1}{3}} \times \underset{P(B)}{\frac{1}{4}}$$

(i) または (ii) なので, 和の法則

$$= \frac{6}{12} + \frac{1}{12} = \frac{6+1}{12} = \frac{7}{12} \quad \text{となる。}$$

どう？独立な試行の確率計算にも慣れてきた？それでは, もう1題骨のある練習問題を解いておこう。

練習問題 17　独立な試行の確率(Ⅱ)　　CHECK *1*　　CHECK*2*　　CHECK*3*

次の各確率を求めよ。

(1) 3回コインを投げて, 少なくとも1回表の出る確率。

(2) 2つのサイコロを同時に振って, 2つの出た目の和が4の倍数になるか6の倍数になる確率。

(3) 3回コインを投げて, 少なくとも1回表が出, かつ, 2つのサイコロを同時に振って, 2つの出た目の和が4の倍数になるか6の倍数になる確率。

どう？ 結構大変そうかな。でも, まず問題文をよく読んで, 事象の意味をシッカリとらえることだ。(1) では, "少なくとも" の言葉が出てきてるので, 当然, 余事象の確率を使う。(2) では, 出た目の和が4の倍数となる事象を*B*, 6の倍数となる事象を*C*とおけば, *B*または*C*となる確率*P*(*B*∪*C*)を求めればいいんだね。(3) は, (1) かつ (2) の確率を求めよってことだから, 独立な試行の確率として, (1) と (2) の2つの確率の積を求めればいい。それでは, 具体的に解いていくことにしよう！

(1) 事象*A*を,

　　　事象*A*：3回コインを投げて, 少なくとも1回は表が出る。

　とおくと, この余事象$\overline{A}$は,　"少なくとも" がきたら, 余事象から攻めよう！

　余事象$\overline{A}$：3回コインを投げて, 3回とも裏が出る。

　　　　　　　　　"1回も表が出ない" を, こう表現しなおした！

61

この余事象の確率 $P(\overline{A})$ を求めて，公式：$P(A) = 1 - P(\overline{A})$ から，$P(A)$ を求めればいいんだね。

　　ここで，3 回コインを投げる試行は，いずれも互いに独立なのは分かるね。1 回目にコインを投げた結果が，2 回目や 3 回目の投げた結果に影響を与えるはずがないからだ。よって，3 回とも裏が出る余事象の確率 $P(\overline{A})$ は，独立な試行の確率より，3 つの確率の積となる。

$$P(\overline{A}) = \frac{1}{2} \times \frac{1}{2} \times \frac{1}{2} = \left(\frac{1}{2}\right)^3 = \frac{1}{8} \quad となる。$$

　　　　$\underbrace{\boxed{1 回目裏}}\ \underbrace{\boxed{2 回目裏}}\ \underbrace{\boxed{3 回目裏}}$

よって，求める確率 $P(A)$ は，

$$P(A) = 1 - P(\overline{A}) = 1 - \frac{1}{8} = \frac{8-1}{8} = \frac{7}{8} \quad と求まるんだね。$$

(2) 2 つのサイコロを同時に振ったとき，事象 B, C を次のようにおこう。

$\begin{cases} 事象 B：2 つの出た目の和が 4 の倍数。 \\ 事象 C：2 つの出た目の和が 6 の倍数。 \end{cases}$

今回は，B または C となる確率 $P(B \cup C)$ を求めたいんだね。$B \cap C$ は ϕ か ϕ でないか分かる？ B かつ C ということは，2 つの目の和が 4 の倍数でかつ 6 の倍数ということだから，2 つの目が $(6, 6)$ のとき，和が 12 となって，$B \cap C$ の根元事象は 1 つ存在するね。よって，$B \cap C \neq \phi$ より，確率の加法定理から $P(B \cup C)$ は，

　　　　　　　　　　　　　　　ペタン　ペタン　ピロッ！

$$P(B \cup C) = \underset{\frac{n(B)}{n(U)}}{\underline{P(B)}} + \underset{\frac{n(C)}{n(U)}}{\underline{P(C)}} - \underset{\frac{n(B \cap C)}{n(U)}}{\underline{P(B \cap C)}} \left[\bigcirc + \bigcirc - \ ) \right] \quad となる。$$

ここで，$P(B) = \dfrac{n(B)}{n(U)}$, $P(C) = \dfrac{n(C)}{n(U)}$, $P(B \cap C) = \dfrac{n(B \cap C)}{n(U)}$ だから，

$n(U)$, $n(B)$, $n(C)$, $n(B \cap C)$ の値を求めればいいんだね。

2 つのサイコロの目の組を (a, b) とおくと，$a = 1, 2, \cdots, 6$ の 6 通り，$b = 1, 2, \cdots, 6$ の 6 通りより，全事象の場合の数 $n(U)$ は，

$n(U) = 6^2 = 36$ 通りとなる。次，いくよ。

（ⅰ）事象 B：2 つの出た目の和が 4 の倍数になるとき，

$a + b = 4$ または 8 または 12 より，

$a + b = 4$ のとき，$(a, b) = (1, 3), (2, 2), (3, 1)$ の 3 通り

$a + b = 8$ のとき，$(a, b) = (2, 6), (3, 5), (4, 4),$

$(5, 3), (6, 2)$ の 5 通り

$a + b = 12$ のとき，$(a, b) = (6, 6)$ の 1 通り

∴ 事象 B の場合の数 $n(B)$ は，$n(B) = \underline{3 + 5 + 1} = 9$ 通り

> $a + b = 4$ または 8 または 12 より，"和の法則"

（ⅱ）事象 C：2 つの出た目の和が 6 の倍数になるとき，

$a + b = 6$ または 12 より，

$a + b = 6$ のとき，$(a, b) = (1, 5), (2, 4), (3, 3)$

$(4, 2), (5, 1)$ の 5 通り

$a + b = 12$ のとき，$(a, b) = (6, 6)$ の 1 通り

∴ 事象 C の場合の数 $n(C)$ は，$n(C) = 5 + 1 = 6$ 通り

（ⅲ）積事象 $B \cap C$：2 つの出た目の和が 12 のとき，

$a + b = 12$ より，$(a, b) = (6, 6)$ の 1 通り ∴ $n(B \cap C) = 1$

サァ，以上で準備がすべて整ったので，求める確率 $P(B \cup C)$ は，

$P(B \cup C) = P(B) + P(C) - P(B \cap C)$

$$= \underbrace{\frac{\overset{9}{n(B)}}{\underset{36}{n(U)}}} + \underbrace{\frac{\overset{6}{n(C)}}{\underset{36}{n(U)}}} - \underbrace{\frac{\overset{1}{n(B \cap C)}}{\underset{36}{n(U)}}}$$

∴ $P(B \cup C) = \dfrac{9}{36} + \dfrac{6}{36} - \dfrac{1}{36} = \dfrac{9 + 6 - 1}{36} = \dfrac{14}{36} = \dfrac{7}{18}$　となるんだね。

フ〜，疲れたって？でも，ここまできたら，(3) はチョロイね。

(3)・3 回コインを投げて，少なくとも 1 回表が出る $\left[P(A) = \dfrac{7}{8} \right]$ ことと，

・2 つのサイコロを同時に振って，2 つの出た目の和が 4 の倍数か 6 の

倍数になる $\left[P(B \cup C) = \dfrac{7}{18} \right]$ こととは互いに他に影響を与えること

はないね。3回コインを投げた結果と，2つのサイコロを振った結果とは，無関係だからね。よって，事象 A が起こり，かつ事象 $B \cup C$ が起こる確率は，独立な試行の確率となるので，$P(A)$ と $P(B \cup C)$ の積をとればいいだけだ。よって，

$$P(A) \times P(B \cup C) = \frac{7}{8} \times \frac{7}{18} = \frac{49}{144}$$ が求める答えなんだね。

これまでの知識を総動員することになったけど，面白かっただろう？

● 反復試行の確率って何だろう!?

それでは，これから，"反復試行の確率"について解説しよう。これは独立な試行の確率の応用になるんだね。これについては，一般論より，まず次の練習問題を解くことから始めよう。何故なら，これで反復試行の確率の考え方と意味が明らかになるからなんだ。

練習問題 18	反復試行の確率（Ⅰ）	CHECK 1	CHECK 2	CHECK 3

サイコロを 4 回振って，次の確率を求めよう。

(1) 4 回とも 5 以上の目が出る確率。

(2) 4 回中 2 回だけ 5 以上の目が出る確率。

1 回サイコロを振って，5 以上の目（5 と 6 の目）が出る確率は $\frac{2}{6} = \frac{1}{3}$ だね。よって，(1) の 4 回とも 5 以上の目が出る確率は，独立な試行の確率より，$\left(\frac{1}{3}\right)^4$ となるのはすぐに分かると思う。それじゃ，次，(2) も 2 回だけ 5 以上の目，他の 2 回は 4 以下の目ということで，$\left(\frac{1}{3}\right)^2 \times \left(\frac{2}{3}\right)^2$ とやって，答えとした人がいるんじゃない？ ウ～ン，やっぱりかなりいるね。実はこれでは不正解なんだね。これに $_4C_2$ をかけたものが正解になるんだよ。何故だかまだよく分からないって？ 当然だ。これから詳しく解説していこう。

(1) 1 つのサイコロを 1 回振って，5 以上の目（5 と 6 の目のこと）が出る

確率は，$\underbrace{\overbrace{\frac{2}{6}}^{5,\,6 \text{の目}}}_{1,\,2,\,3,\,4,\,5,\,6 \text{の目}} = \frac{1}{3}$ となるのはいいね。

ここで，4回サイコロを振るとき，各試行の結果は他の試行の結果に影響を与えることはないので，4回とも5以上の目の出る確率は，独立な試行の確率より，この $\dfrac{1}{3}$ を4回かけ合わせたものになるんだね。

よって，

$$\underbrace{\dfrac{1}{3}}_{\substack{1\,回目\\5\,以上の目}} \times \underbrace{\dfrac{1}{3}}_{\substack{2\,回目\\5\,以上の目}} \times \underbrace{\dfrac{1}{3}}_{\substack{3\,回目\\5\,以上の目}} \times \underbrace{\dfrac{1}{3}}_{\substack{4\,回目\\5\,以上の目}} = \left(\dfrac{1}{3}\right)^4 = \dfrac{1}{3^4} = \dfrac{1}{81}$$ が答えになる。

これはいいね。

(2) それでは，次，4回サイコロを振って2回だけ5以上の目が出る確率を求めよう。

$\begin{cases} 1回サイコロを振って，5以上の目の出る確率は，\overset{\text{（5, 6 の目）}}{\dfrac{2}{6}} = \dfrac{1}{3} \ だね。 \\[3mm] そして， \\[2mm] 1回サイコロを振って，4以下の目が出る確率は，\overset{\text{（1, 2, 3, 4 の目）}}{\dfrac{4}{6}} = \dfrac{2}{3} \ となる。\end{cases}$

そして，4回中2回が5以上の目，2回が4以下の目の出る確率だから，(1)と同様に $\left(\dfrac{1}{3}\right)^2 \times \left(\dfrac{2}{3}\right)^2$ を答えとしたくなるところだろうね。でも，さっきも言った通り，これでは不正解なんだね。理由を説明しよう。

図1を見てくれ。

ここで，模式図的に，

$\begin{cases} \cdot 5以上の目が出たものを○ \\ \cdot 4以下の目が出たものを × \end{cases}$

で表している。すると，4回中2回だけ○になるのは，図1に示すように，

図1　反復試行の確率

(ⅰ) ○ ○ × ×
(ⅱ) ○ × ○ ×
(ⅲ) ○ × × ○
　……………
(ⅳ) × × ○ ○

$\left.\vphantom{\begin{matrix}a\\b\\c\\d\end{matrix}}\right\}{}_4C_2 = 6 \ 通り$

$$_4\mathrm{C}_2 = \frac{4!}{2! \cdot 2!} = \frac{4 \cdot 3}{2 \cdot 1} = 6$$ 通りあることが分かるはずだ。

何故なら，x_1, x_2, x_3, x_4 の 4 つの席から○が入る 2 つの席を選ぶ場合の数に等しいからだ。これって，組合せの数のところで何度も練習したから大丈夫だね。

そして，この $_4\mathrm{C}_2 = 6$ 通りのそれぞれの確率が，独立な試行の確率により，次のように同じ確率 $\left(\frac{1}{3}\right)^2 \times \left(\frac{2}{3}\right)^2$ で計算される。

(i) ○○××のとき，$\frac{1}{3} \times \frac{1}{3} \times \frac{2}{3} \times \frac{2}{3} = \left(\frac{1}{3}\right)^2 \times \left(\frac{2}{3}\right)^2$

(ii) ○×○×のとき，$\frac{1}{3} \times \frac{2}{3} \times \frac{1}{3} \times \frac{2}{3} = \left(\frac{1}{3}\right)^2 \times \left(\frac{2}{3}\right)^2$

(iii) ○××○のとき，$\frac{1}{3} \times \frac{2}{3} \times \frac{2}{3} \times \frac{1}{3} = \left(\frac{1}{3}\right)^2 \times \left(\frac{2}{3}\right)^2$

....

(iv) ××○○のとき，$\frac{2}{3} \times \frac{2}{3} \times \frac{1}{3} \times \frac{1}{3} = \left(\frac{1}{3}\right)^2 \times \left(\frac{2}{3}\right)^2$

ここで，(i) または(ii) または(iii) または……または(iv) の関係だから，$_4\mathrm{C}_2 = 6$ 通りの同じ確率 $\left(\frac{1}{3}\right)^2 \times \left(\frac{2}{3}\right)^2$ をたし合わせたものが，4 回中 2 回だけ 5 以上の目が出る本当の確率になるんだね。よって，求める確率は，

$$\underset{\boxed{6}}{_4\mathrm{C}_2} \times \left(\frac{1}{3}\right)^2 \cdot \left(\frac{2}{3}\right)^2 = 6 \times \frac{1}{3^2} \times \frac{2^2}{3^2} = \frac{\overset{2}{6} \times 2^2}{3^{\underset{3}{4}}} = \frac{2^3}{3^3} = \frac{8}{27}$$ と計算できる。

大丈夫？ つまり，$\left(\frac{1}{3}\right)^2 \cdot \left(\frac{2}{3}\right)^2$ という確率は本当は(i)〜(iv)まである 6 つのヴァリエーションのうちの 1 つのみが起こる確率を表していたに過ぎなかったんだね。これで，すべてが明らかになったと思う。

　以上の考え方が，**"反復試行の確率"**そのものなんだよ。それでは，ここで，この反復試行の確率の基本事項をまとめておこう。

反復試行の確率

> ある試行を 1 回行って，事象 A の起こる確率を p とおくと，事象 A の起こらない確率 q は，$q = 1 - p$ となる。
>
> この独立な試行を n 回行って，その内 r 回だけ事象 A の起こる確率 は，$_nC_r p^r q^{n-r}$ $(r = 0, 1, 2, \cdots, n)$ である。
>
> この確率を "**反復試行の確率**" という。

言葉は難しいんだけれど，言っている意味は，さっきの例をやったので，分かると思う。もう 1 度おさらいしておこう。

まず，サイコロを 1 回振って，5 以上の目が出ることを事象 A とおくと，事象 A の起こる確率 p は，$p = \dfrac{\overset{\boxed{5, 6 \text{の目}}}{2}}{6} = \dfrac{1}{3}$ ，また事象 A の起こらない確率 (余事象の確率) q は，$q = 1 - p = 1 - \dfrac{1}{3} = \dfrac{3-1}{3} = \dfrac{2}{3}$ となる。そして，$n = 4$ 回サイコロを振って，その内 $r = 2$ 回だけ事象 A が起こる (5 以上の目が出る) 確率なので，反復試行の確率の公式より，

$$\underline{_4C_2 \left(\dfrac{1}{3}\right)^2 \cdot \left(\dfrac{2}{3}\right)^{4-2}}$$ と，自動的に求めることができる。練習問題 $18(2)$

> 公式 $_nC_r p^r \cdot q^{n-r}$ に，$n = 4, r = 2, p = \dfrac{1}{3}, q = \dfrac{2}{3}$ を代入したもの

(P64) の解答・解説と同じ式が導けただろう。このように，反復試行の確率は，基本事項の流れに沿って，キッチリ解いていけばいいんだよ。納得いった？ ここで，さらに反復試行の確率に慣れてもらうために，この同じ例を使って，$n = 4$ 回中事象 A が起こる (5 以上の目が出る) 回数 r を $r = 0$，$1, 2, 3, 4$ と変化させたときの確率をそれぞれ $P_0, P_1, \underline{P_2}, P_3, P_4$ とおいて，すべて求めてみることにしよう。

> これが，(2) の答え

$$P_0 = {}_4C_0\left(\frac{1}{3}\right)^0 \cdot \left(\frac{2}{3}\right)^{4-0} = \left(\frac{2}{3}\right)^4 = \frac{2^4}{3^4} = \frac{16}{81}$$

ここで $_4C_0 = 1$、$\left(\frac{1}{3}\right)^0 = 1$

> **A が 0 回，つまり 4 回とも 4 以下の目が出る確率**

$$P_1 = {}_4C_1\left(\frac{1}{3}\right)^1 \cdot \left(\frac{2}{3}\right)^{4-1} = 4 \times \frac{1}{3} \times \frac{2^3}{3^3} = \frac{32}{81}$$

ここで $_4C_1 = 4$、$2^3 = 8$

> **A が 1 回，つまり 1 回 5 以上の目が出，3 回は 4 以下の目が出る確率**

$$P_2 = {}_4C_2\left(\frac{1}{3}\right)^2 \cdot \left(\frac{2}{3}\right)^{4-2} = 6 \times \frac{1}{3^2} \times \frac{2^2}{3^2} = \frac{8}{27}$$

ここで $_4C_2 = 6$

> **A が 2 回，つまり 2 回 5 以上の目が出，2 回は 4 以下の目が出る確率**

$$P_3 = {}_4C_3\left(\frac{1}{3}\right)^3 \cdot \left(\frac{2}{3}\right)^{4-3} = 4 \times \frac{1}{3^3} \times \frac{2}{3} = \frac{8}{81}$$

ここで $_4C_3 = 4$

> **A が 3 回，つまり 3 回 5 以上の目が出，1 回は 4 以下の目が出る確率**

$$P_4 = {}_4C_4\left(\frac{1}{3}\right)^4 \cdot \left(\frac{2}{3}\right)^{4-4} = \left(\frac{1}{3}\right)^4 = \frac{1}{3^4} = \frac{1}{81}$$

ここで $_4C_4 = 1$、$\left(\frac{2}{3}\right)^0 = 1$

> **A が 4 回，つまり 4 回とも 5 以上の目が出る確率**

4 回サイコロを振ったら，5 以上の目が出るのは，0 回か，または 1 回か，または 2 回か，または 3 回か，または 4 回のいずれかになるので，この 5 つの確率の総和は当然 1（全確率）になるはずだね。実際に計算してみるよ。

$$P_0 + P_1 + P_2 + P_3 + P_4 = \frac{16}{81} + \frac{32}{81} + \frac{24}{81} + \frac{8}{81} + \frac{1}{81}$$

ここで $\frac{24}{81} = \frac{8}{27}$

$$= \frac{16 + 32 + 24 + 8 + 1}{81} = \frac{81}{81} = 1 \text{（全確率）}$$

と，確かに 1 になるね。

● 反復試行の確率を応用してみよう！

それでは，さらに反復試行の確率に慣れるために，次の練習問題を解いてみよう。このように，実際に問題を解くことによって，基本事項の意味や使い方も分かるようになるものなんだよ。今度の主役は，サッカーのエースストライカーだよ。

練習問題 19 　反復試行の確率（Ⅱ）　CHECK **1**　CHECK**2**　CHECK**3**

あるサッカーチームのエースストライカーが 1 回シュートを行って，得点する確率は $\frac{1}{4}$ である。このエースストライカーが 5 回のシュートを行って，そのうち 2 回得点する確率を求めよ。ただし，5 回のシュートはいずれも同様の条件で行われるものとする。

数学の問題なので，いささか表現が堅くなってるけど，言いたい意味は分かるね。シュートすることが試行を表し，得点（ゴール）することを事象 A とおけば，$n = 5$ 回試行を行って，そのうち $r = 2$ 回だけ事象 A の起こる確率を求めればいいだけだから，反復試行の確率のパターンになるんだね。それじゃ，具体的にこの問題を解いていこう。

　このエースストライカーが，同様の条件で，1 回シュートを行って，得点する確率を p とおくと，$p = \frac{1}{4}$ である。

余事象の確率

　よって，得点できない確率を q とおくと，$q = 1 - p = 1 - \frac{1}{4} = \frac{3}{4}$

このエースストライカーが，5 回シュートを行って，その内 2 回だけ得点する確率は，反復試行の確率より，

$$\frac{5 \cdot 4}{2 \cdot 1} = 10$$

$${}_5\mathrm{C}_2\left(\frac{1}{4}\right)^2 \cdot \left(\frac{3}{4}\right)^3 = \boxed{\frac{5!}{2! \times 3!}} \times \frac{1}{4^2} \times \frac{3^3}{4^3}$$

反復試行の確率 ${}_n\mathrm{C}_r p^r \cdot q^{n-r}$ $\left(p = \frac{1}{4}, q = \frac{3}{4}, n = 5, r = 2\right)$

$$= \frac{10 \times 3^3}{\boxed{4^{2+3}}} = \frac{\overset{5}{\cancel{10}} \times 27}{\underset{512}{1024}} = \frac{135}{512}$$　となって，答えだ！

$4^5 = (2^2)^5 = 2^{2 \times 5} = 2^{10} = 1024$

指数法則だね。

$\begin{cases} 2^5 = 32 \\ 2^{10} = 1024 \end{cases}$ は覚えておくといいよ。

どう？ 反復試行の確率もだんだん慣れてきただろう。

それでは次，6題の二者択一の選択問題からなる試験を，まったくでたらめに解答した場合，3題以上正解する確率がどうなるか，みんな興味があるだろうね。これも反復試行の確率で計算することができるんだよ。

2つの選択肢から1つの正解を選択する選択形式の問題が6題並んでいる。この6題に対して，まったくでたらめに1つずつ解答していったとき，少なくとも3題が正解となる確率を求めよ。

1題につき，2つの選択肢から1つをでたらめに(無作為に)選んでいくわけだから，正解を選ぶ確率を p とおくと，$p = \dfrac{1}{2}$ となるね。また，不正解となる確率を q とおくと，これは余事象の確率だから，当然，$q = 1 - p = 1 - \dfrac{1}{2} = \dfrac{1}{2}$ となる。後は，6題中 r 題正解する確率を P_r とおくと，これは反復試行の確率として，$P_r = {}_6C_r p^r \cdot q^{6-r}$ となることが分かるはずだ。サァ，それじゃ，でたらめに解いて，少なくとも3題(つまり，3題以上)を正解する確率がどうなるのか，実際に計算してみよう。

　　1題について2つの選択肢から1つをでたらめに選び正解となる確率を

p とおくと，$p = \dfrac{1}{2}$ となり，

誤りとなる確率を q とおくと，

　　$q = 1 - p = 1 - \dfrac{1}{2} = \dfrac{1}{2}$ 　となる。

　　ここで，$n = 6$ 題中，r 題 $(r = 0, 1, \cdots, 6)$ だけ正解となる確率を P_r とおくと，反復試行の確率より，

　　$P_r = {}_6C_r p^r \cdot q^{6-r} = {}_6C_r \left(\dfrac{1}{2}\right)^r \cdot \left(\dfrac{1}{2}\right)^{6-r} = {}_6C_r \cdot \dfrac{1}{64}$ 　$(r = 0, 1, \cdots, 6)$ となる。

指数法則 → $\left(\dfrac{1}{2}\right)^{r+6-r} = \left(\dfrac{1}{2}\right)^6 = \dfrac{1}{2^6} = \dfrac{1}{64}$ ← $2^5 = 32$ を覚えておくと，$2^6 = 2 \times 2^5 = 2 \times 32 = 64$ とすぐに計算できるんだ。

ここで，少なくとも 3 題正解する確率は，3 題または 4 題または 5 題または 6 題正解する確率のことだから，$P_3+P_4+P_5+P_6$ のことだね。これを直接求めてもかまわないけれど，$\underline{P_0+P_1+P_2}+P_3+P_4+P_5+P_6=1$（全確

$\boxed{\text{余事象の確率}}$

率）だから，これから，$P_3+P_4+P_5+P_6=1-(P_0+P_1+P_2)$ として計算した方が少し早い。

よって，求める確率は，

$$P_3+P_4+P_5+P_6=1-(\underline{P_0}+\underline{P_1}+\underline{P_2})$$

$$\boxed{\dfrac{6!}{2!\cdot 4!}=\dfrac{6\cdot 5}{2\cdot 1}=15}$$

$$=1-\left(\boxed{{}_6C_0}\cdot\dfrac{1}{64}+\boxed{{}_6C_1}\cdot\dfrac{1}{64}+\boxed{{}_6C_2}\cdot\dfrac{1}{64}\right)$$

$$=1-\left(\dfrac{1}{64}+\dfrac{6}{64}+\dfrac{15}{64}\right)=1-\dfrac{1+6+15}{64}$$

$$=1-\dfrac{22}{64}=1-\dfrac{11}{32}=\dfrac{32-11}{32}$$

$$=\dfrac{21}{32}$$ が答えになるんだね。この $\dfrac{21}{32}$ を小数で表示すると，約 0.656 と

なる。これは，でたらめに解答しても，6 題中 3 題以上正解する確率が約 65.6% にもなるといってるわけだから，すごいことだね。もちろん，これで勉強しなくてもいいと言ってるわけじゃないよ。でも択一式の問題では，どんなに分からなくてもあきらめず解答しておくと，良い結果が待ってることが数学的に確かめられたんだ。良かったな (^-^)!

● **ランダム・ウォークも計算しよう！**

　それでは，反復試行の確率の頻出の応用例として，"**ランダム・ウォーク**"についても解説しよう。ランダム・ウォークとは，"でたらめな歩行"のことで，日本語では"**酔歩**"と訳されている。文字通り，お酒をたく山飲んだ人が酔っぱらって，左に右にフラフラ歩く千鳥足の動きのことなんだ。このフラフラした動きが，数学では，点の移動の問題としてしばしば出題されるので，ここで練習しておこう。

ここでは，図2に示すように，原点0を
出発点として，x軸上を左右にランダム・
ウォークする動点Pの動きを確率を使っ
て表そうと思う。ここで使われる確率が，
"反復試行の確率"なんだよ。

図2 ランダム・ウォーク

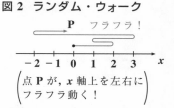

　1回の試行により，はじめ原点0にあった動点Pが，pの確率で右に$+1$，q
$(=1-p)$の確率で左に-1動くものとしよう。そして，n回の試行のうち，r
回だけ右に$+1$，そして$n-r$回だけ左に-1動くときの確率は反復試行の確
率により，$_nC_r p^r \cdot q^{n-r}$で計算される。どう？　これで，ランダム・ウォー
クと反復試行の確率の関係が分かっただろう。では，問題を解こう！

練習問題21	ランダム・ウォーク	CHECK 1	CHECK 2	CHECK 3

同形の赤球3個，白球2個の入った袋から，無作為に1個取り出しては元に戻
す操作を繰り返す。この試行を行って，取り出した球が赤球であれば$+1$だ
け，また白球であれば-1だけ，動点Pがx軸上を動くものとする。初め，
動点Pは原点にあるものとするとき，この試行を4回行った後，動点Pが
原点O$(0, 0)$にいる確率と，点$(-2, 0)$にいる確率を求めよ。

赤球3個，白球2個の入った袋から，無作為に1個取り出して，それが赤球で
ある確率$p = \dfrac{3}{5}$，白球である確率$q = \dfrac{2}{5}$は，すぐに出てくるので，後は反復試
行の確率の公式$_nC_r p^r \cdot q^{n-r}$をうまく使って解けばいい。

赤球3個，白球2個の入った袋から無作為に球を1個取り出しては戻す試
行を繰り返すので，1回の試行で，

$\begin{cases} \text{赤球が出る確率を}p\text{とおくと，}p = \dfrac{3}{5} \\ \text{白球が出る確率を}q\text{とおくと，}q = \dfrac{2}{5} \end{cases}$ となるね。

ここで，動点Pは，右上のようにx軸上を，

$\begin{cases} (\text{i}) \text{赤球が出ると，}+1\text{だけ移動し，} \\ (\text{ii}) \text{白球が出ると，}-1\text{だけ移動する。よって，} \end{cases}$

各試行において，動点 P は，

$$\begin{cases} (\text{i})\ \text{確率}\ p = \dfrac{3}{5}\ \text{で}, +1\ \text{だけ移動し}, \\[2mm] (\text{ii})\ \text{確率}\ q = \dfrac{2}{5}\ \text{で}, -1\ \text{だけ移動することになる}. \end{cases}$$

> この酔っぱらいの動点 P は比較的右 $\oplus$ 方向にフラつく傾向のランダム・ウォークをすることが分かるね。

よって，この試行を n 回行って，動点 P が r 回だけ $\oplus$ 方向に移動する（残り $(n-r)$ 回は $\ominus$ 方向に移動する）確率は，反復試行の確率より，

$${}_n\text{C}_r\, p^r \cdot q^{n-r} = {}_n\text{C}_r \left(\dfrac{3}{5}\right)^r \cdot \left(\dfrac{2}{5}\right)^{n-r}\ \text{となる}.$$

よって，この試行を $n = 4$ 回行った後，

(ⅰ) 動点 P が原点 $\text{O}(0, 0)$ にいる確率は，動点 P が $\oplus$ 方向に，$r = 2$ 回，

$\ominus$ 方向に $n - r = 4 - 2 = 2$ 回だけ移動した結果なので，

$$\boxed{\dfrac{4!}{2!\cdot 2!} = \dfrac{4\cdot 3}{2\cdot 1} = 6}$$

動点 P の移動のイメージ

$$\begin{aligned} {}_4\text{C}_2 \cdot p^2 \cdot q^{4-2} &= \boxed{{}_4\text{C}_2}\left(\dfrac{3}{5}\right)^2 \cdot \left(\dfrac{2}{5}\right)^2 \\[2mm] &= 6 \cdot \dfrac{3^2}{5^2} \cdot \dfrac{2^2}{5^2} \\[2mm] &= \dfrac{6 \times 9 \times 4}{5^4} = \dfrac{216}{625}\ \text{となる}. \end{aligned}$$

- $\ominus\ \ominus\ \rightarrow\ \leftarrow\ \leftarrow$
- $\ominus\ \leftarrow\ \ominus\ \rightarrow\ \leftarrow$
- $\cdots\cdots\cdots\cdots$
- $\leftarrow\ \leftarrow\ \ominus\ \ominus\ \ominus$

${}_4\text{C}_2$ 通り

(ⅱ) 動点 P が $(-2, 0)$ にいる確率は，動点 P が，$\oplus$ 方向に，$r = 1$ 回，$\ominus$ 方向に $n - r = 4 - 1 = 3$ 回だけ移動した結果なので，

動点 P の移動のイメージ

- $\ominus\ \leftarrow\ \leftarrow\ \leftarrow$
- $\ominus\ \ominus\ \leftarrow\ \leftarrow$
- $\leftarrow\ \ominus\ \ominus\ \leftarrow$
- $\leftarrow\ \leftarrow\ \leftarrow\ \ominus$

${}_4\text{C}_1 = 4$ 通り

$$\begin{aligned} {}_4\text{C}_1 \cdot p^1 \cdot q^{4-1} &= {}_4\text{C}_1 \left(\dfrac{3}{5}\right)^1 \cdot \left(\dfrac{2}{5}\right)^3 \\[2mm] &= \dfrac{4 \times 3 \times 8}{5^4} = \dfrac{96}{625}\ \text{となるんだね。納得いった？} \end{aligned}$$

以上で，独立な試行の確率と反復試行の確率の講義も終了です！結構レベルの高い内容だったから，次の講義まで，よ～く復習しておいてくれ。ではまた，次回会おうな！バイバイ……

6th day　条件付き確率

前回は，独立な試行の確率ということで，1つの試行結果が他の試行に影響を与えないものばかりを対象にしたんだね。でも，今回の講義では，1つの試行結果が他の試行結果に影響を与える場合の確率，すなわち"条件付き確率"についても解説しておこう。

エッ言葉が難しそうだって！？そうだね。でも，この条件付き確率はちょっとこみ入った確率計算では，よく使われるものなので，慣れると自然に感じるようになるはずだ。

今回の講義で，"場合の数と確率"も最後のテーマになるけれど，また，例題をたく山解きながら，分かりやすく解説していくつもりだ。

では，早速講義を始めよう！みんな，準備はいい？

● まず，条件付き確率に慣れよう！

条件付き確率と独立な試行の確率の違いを知るために，まず，当たりクジの例で話そうと思う。ここに，20本中2本の当たりの入ったクジがあるものとする。このとき，次の2つの確率を求めてみよう。

(i) 1回クジを引いた後，そのクジを元に戻し，さらにもう1回クジを引く。このとき，2回とも当たりを引く確率。

(ii) 1回クジを引いた後，そのクジを元に戻さないで，さらにもう1回クジを引く。このとき，2回とも当たりを引く確率。

(i)(ii) 共に，2回とも当たりを引く確率を求めることになるんだけれど，(i)の方は，"独立な試行の確率"の例に，そして(ii)は，"条件付き確率"の例になっているんだよ。この違いが分かるようになってくれたらいいんだね。

まず，(i)の場合，1回目に当たりを引く確率は，20本のクジの内2本の当たりのいずれかを引くので，$\frac{_2C_1}{_{20}C_1} = \frac{2}{20} = \frac{1}{10}$ の確率になる。

そして，その引いたクジをまた元に戻すので，2回目に当たりを引く際

の条件はまったく同じなので，2 回目に当たりを引く確率も $\dfrac{1}{10}$ になる
ね。これは，1 回目の試行結果 (当たりかはずれを引く) が 2 回目の試
行結果に影響を与えない，独立な試行の確率だ。よって，2 回とも当た
りを引く確率は，

$$\dfrac{1}{10} \times \dfrac{1}{10} = \dfrac{1}{100}$$ となるんだね。

| 1 回目に
当たりを引く。| 2 回目に
当たりを引く。|

これに対して，

(ⅱ) 1 回目に当たりを引いて，そのクジを元に戻さない状態で，2 回目に
クジを引くと，当然 1 回目に当たりを引いた結果が 2 回目の試行結果に
影響を与えることになる。まず，1 回目に当たりを引く確率は，さっきの
ものと同じで，$\dfrac{{}_2\mathrm{C}_1}{{}_{20}\mathrm{C}_1} = \dfrac{2}{20} = \dfrac{1}{10}$ となる。でも，2 回目に当たりを引く確率
は $\dfrac{1}{10}$ にはならないね。20 本中，2 本の当たりの内 1 本は既に 1 回目に
引かれてしまっているので，2 回目は19 本中 1 本の当たりを引くことにな
る。よって，この場合の 2 回目の当たりを引く確率は，$\dfrac{{}_1\mathrm{C}_1}{{}_{19}\mathrm{C}_1} = \dfrac{1}{19}$ というこ
とになる。

　よって，1 回目に引いたクジを元に戻さずに 2 回目も引き，2 回とも当た
りを引く確率は，当然 1 回目に当たりを引き，かつ2 回目も当たりを引く
ので，"積の法則" より，

$$\dfrac{1}{10} \times \dfrac{1}{19} = \dfrac{1}{190}$$ となる。

| 1 回目に
当たりを引く。| 2 回目に
当たりを引く。| 1 回目に当たりを引いた結果が，2 回目に
当たりを引く条件に影響を及ぼしている！|

この 2 回目に当たりを引く確率は，1 回目に当たりを引いたという条件の
下で，2 回目も当たりを引く確率のことなので，"**条件付き確率**" という
んだよ。

どう？ "**独立な試行の確率**" と "**条件付き確率**" について，違いは分かった？ 言葉は難しいんだけれど，やっていることは至極当然のことだから，意味はよく分かったと思う。

それじゃ，20 本中 2 本の当たりが入ったクジを例にとって，さらにこの条件付き確率の問題を解いてみることにしよう。面白い結果が出てきて，興味深いと思うよ。

20 本中 2 本の当たりの入ったクジを 2 人の人が順に 1 本ずつ引くものとする。最初に引いた人は，そのクジを元に戻さずに，2 番目の人がクジを引く。このとき，当たりを引くことについて，最初にクジを引く人と，2 番目にクジを引く人のいずれが有利となるか，調べよ。

はじめの状態は，20 本中 2 本の当たりが入っているので，最初にクジを引く人が当たりを引く確率は簡単だね。これまでも解説した通り，
$\frac{_2C_1}{_{20}C_1} = \frac{2}{20} = \frac{1}{10}$ となる。これに対して，2 番目の人が当たりを引くときは，(i) 最初の人が当たりを引いて，かつ 2 番目の人も当たりを引くか，または (ii) 最初の人がはずれを引いて，かつ 2 番目の人が当たりを引くか，の 2 通りに場合分けして，それぞれの確率の和を求めないといけないんだね。この結果が，$\frac{1}{10}$ より大きいのか，小さいのか，あるいは等しいのか興味深いところだね。早速，具体的に解いていってみよう。

20 本中 2 本の当たりの入ったクジから，最初の人が 1 本のクジを引き，それが当たりである確率を P_1 とおくと，

$P_1 = \frac{_2C_1}{_{20}C_1} = \frac{2}{20} = \frac{1}{10}$ となるのはいいね。

次，最初にクジを引いた人が，それを元に戻さないので，2 番目の人が当たりを引く確率は，"**条件付き確率**" となり，次のように 2 つの場合に分けて考えないといけないね。

（ i ）最初の人が当たりを引いて，かつ 2 番目の人も当たりを引く。

または，

（ ii ）最初の人がはずれを引いて，かつ 2 番目の人が当たりを引く。

（ i ）または（ ii ）の関係だから，2 番目の人が当たりを引く確率は，（ i ）の確率と（ ii ）の確率の和になるんだね。それじゃ，まず，それぞれの場合の確率を求めてみよう。

（ i ）最初の人は，$\frac{2}{20}$ の確率で当たりを引き，かつ 2 番目の人は 19 本中残った 1 本の当たりを引くことになるので，

$$\frac{2}{20} \times \frac{1}{19} = \frac{1}{10} \times \frac{1}{19} = \frac{1}{190} \text{ となる。}$$

最初の人が当たる確率 ｜ 最初の人が当たったという条件の下で，2 番目の人も当たる "条件付き確率" なので，19 本中残った 1 本の当たりを引く確率！

（ ii ）最初の人は，$\frac{18}{20}$ の確率ではずれを引き，かつ 2 番目の人は 19 本中 2 本の当たりのいずれかを引くので，

$$\frac{18}{20} \times \frac{2}{19} = \frac{9}{10} \times \frac{2}{19} = \frac{18}{190}$$

最初の人がはずれる確率 ｜ 最初の人がはずれたという条件の下で，2 番目の人が当たる "条件付き確率" なので，19 本中残った 2 本の当たりのどれかを引く確率！

2 番目の人が当たりを引く確率を P_2 とおくと，P_2 は（ i ）と（ ii ）の 2 つの確率の和となるので，

$$P_2 = \frac{1}{190} + \frac{18}{190} = \frac{1+18}{190} = \frac{19}{190} = \frac{1}{10} \text{ となる。}$$

これから，最初の人が当たりを引く確率 $P_1 = \frac{1}{10}$ と，2 番目の人が当たりを引く確率 $P_2 = \frac{1}{10}$ が等しいことが分かったので，最初の人が引いたクジを元に戻さない場合でも，最初の人と 2 番目の人が当たりを引くのに，有利・不利は存在しないことが分かったんだね。面白かっただろう？

● 条件付き確率から, 乗法定理が導ける!?

では, ここで, 少し理論的な話になるけれど, 条件付き確率の記号法と意味, そして公式についても解説しておこう。

条件付き確率は, 2 つの事象 A, B により定義される。ここではまず, 事象 A が起こったという条件の下で, 事象 B が起こる条件付き確率を $P_A(B)$ とおくと, これは, 次のように定義される。

これは, "P の A, B" とでも読めばいい。

条件付き確率 $P_A(B)$

2 つの事象 A, B に対して,

事象 A が起こったという条件の下で, 事象 B が起こる条件付き

確率 $P_A(B)$ は, 次のように定義される。

$$P_A(B) = \frac{P(A \cap B)}{P(A)} \quad \cdots\cdots(*1) \quad (ただし, P(A) \neq 0)$$

これだけでは何のことかサッパリ分からんって!? 当然だね。これから解説しよう。図 1 の全事象 U と, 2 つの事象 A, B のベン図から, すべての根元事象が同様に確からしいとすると, A の起こる確率 $P(A)$ は, P47 で教えたように

図 1 条件付き確率 $P_A(B)$

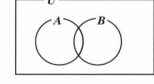

$$P(A) = \frac{n(A)}{n(U)} \left[= \frac{\bigcirc}{\boxed{}} \right] \quad \leftarrow これはイメージ$$

と表せたんだね。

これに対して, 条件付き確率 $P_A(B)$ は, 事象 A は既に起こっているという前提条件があるので, 分母は, 全事象の場合の数 $n(U)$ の代わりに $n(A)$ になり, 分子は, 事象 A が起こっている条件の下で B が起こるわけだから, A と B の積事象の場合の数, つまり $n(A \cap B)$ になるんだね。

これから, 条件付き確率 $P_A(B)$ は,

$$P_A(B) = \frac{n(A \cap B)}{n(A)} = \frac{\dfrac{n(A \cap B)}{n(U)}}{\dfrac{n(A)}{n(U)}}$$

$P(A \cap B)$

分子・分母を $n(U)$ で割った！

$P(A)$

より，

A が起こったという条件の下で，B が起こる条件付き確率

公式：$P_A(B) = \dfrac{P(A \cap B)}{P(A)}$ $\left[= \dfrac{A \cap B}{A} \right]$ ……(*1) が導かれるんだね。

これはイメージ

納得いった？

　では，これ以外にも，余事象の入った条件付き確率 $P_{\bar{A}}(B)$ や $P_A(\bar{B})$ や $P_{\bar{A}}(\bar{B})$ なども，定義できるんじゃないかって？…，その通り，いい勘してるね。これらについても，次の公式が成り立つ。

・A が起こらなかったという条件の下で，B が起こる条件付き確率

$\overline{A}$ のこと

　　$P_{\bar{A}}(B)$ は，$P_{\bar{A}}(B) = \dfrac{P(\bar{A} \cap B)}{P(\bar{A})}$ ……(*2) と表せるし，

・A が起こったという条件の下で，B が起こらない条件付き確率

$\overline{B}$ のこと

　　$P_A(\bar{B})$ は，$P_A(\bar{B}) = \dfrac{P(A \cap \bar{B})}{P(A)}$ ……(*3) と表せるし，

・A が起こらなかったという条件の下で，B が起こらない条件付き確率

$\overline{A}$ のこと　　　　　　　　　　　　　$\overline{B}$ のこと

　　$P_{\bar{A}}(\bar{B})$ は，$P_{\bar{A}}(\bar{B}) = \dfrac{P(\bar{A} \cap \bar{B})}{P(\bar{A})}$ ……(*4) と表せるんだね。

どう？条件付き確率って，機械的に表すことができて，面白いだろう？

これ以外にも，

$$P_B(A) = \frac{P(A \cap B)}{P(B)} \quad や \quad P_{\bar{B}}(A) = \frac{P(A \cap \bar{B})}{P(\bar{B})} \quad など，自由に表せるんだね。$$

B が起こったという条件の下で，A が起こる条件付き確率

B が起こらなかったという条件の下で，A が起こる条件付き確率

それではもう1度，事象Aが起こったという条件の下で，事象Bが起こる条件付き確率$P_A(B)$の公式：

$$P_A(B) = \frac{P(A \cap B)}{P(A)} \quad \cdots\cdots(*1)$$ に話を戻そう。この$(*1)$の

両辺に$P(A)$をかけたものが，次の"**確率の乗法定理**"になるんだね。

確率の乗法定理

$$\underline{P(A \cap B)} = \underline{P(A)} \cdot \underline{P_A(B)} \quad \cdots\cdots(*1)'$$

AとBが共に起こる確率 ｜ Aが起こる確率 ｜ Aが起こったという条件の下で，Bが起こる確率

これは，「AとBが共に起こる確率$P(A \cap B)$は，Aが起こる確率$P(A)$に，条件付き確率$P_A(B)$をかけたものに等しい」と言葉で覚えておいてもいい。同様に，他の条件付き確率からも，それぞれ次のように乗法定理が導けるのも大丈夫だね。

・$P_{\overline{A}}(B) = \dfrac{P(\overline{A} \cap B)}{P(\overline{A})}$ …$(*2)$の両辺に$P(\overline{A})$をかけて，

乗法定理：$P(\overline{A} \cap B) = P(\overline{A}) \cdot P_{\overline{A}}(B)$ …$(*2)'$が導けるし，

・$P_A(\overline{B}) = \dfrac{P(A \cap \overline{B})}{P(A)}$ …$(*3)$の両辺に$P(A)$をかけて，

乗法定理：$P(A \cap \overline{B}) = P(A) \cdot P_A(\overline{B})$ …$(*3)'$が導けるし，

・$P_{\overline{A}}(\overline{B}) = \dfrac{P(\overline{A} \cap \overline{B})}{P(\overline{A})}$ …$(*4)$の両辺に$P(\overline{A})$をかけて，

乗法定理：$P(\overline{A} \cap \overline{B}) = P(\overline{A}) \cdot P_{\overline{A}}(\overline{B})$ …$(*4)'$も導けるんだね。

では，P76の練習問題22を，この乗法定理を使って，もう1度表現しなおしてみよう。20本中2本の当たりの入ったクジについて，

事象A：最初の人が当たりを引く。
事象B：2番目の人が当たりを引く。　とおいて，

確率$P(B)$を，乗法定理を用いて表すと，

$$P(B) = \underbrace{P(A \cap B)}_{P(A) \cdot P_A(B)} + \underbrace{P(\overline{A} \cap B)}_{P(\overline{A}) \cdot P_{\overline{A}}(B)}$$

最初の人が当たりを引く (A) の場合と引かない $(\overline{A})$ の場合について考える。

乗法定理

よって，乗法定理 $P(A \cap B) = P(A) \cdot P_A(B)$, $P(\overline{A} \cap B) = P(\overline{A}) \cdot P_{\overline{A}}(B)$ を用

いて変形すると，

$$P(B) = \underline{P(A) \cdot P_A(B)} + \underline{P(\overline{A}) \cdot P_{\overline{A}}(B)}$$

2番目の人が当たりを引く

最初の人が当たりを引き，その条件下で2番目の人も当たりを引く

最初の人がはずれを引き，その条件下で2番目の人が当たりを引く

$$= \frac{2}{20} \times \frac{1}{19} + \frac{18}{20} \times \frac{2}{19}$$

$$= \frac{1}{190} + \frac{18}{190} = \frac{19}{190} = \frac{1}{10}$$　となるんだね。納得いった？

それでは，もう1題，次の練習問題を解いてみよう。

| 練習問題 23 | 独立試行・条件付き確率 | CHECK 1 | CHECK 2 | CHECK 3 |

同形の赤球 6 個と白球 4 個の入った袋から，無作為に 2 個の球を取り出すとき，取り出した球が 2 個とも赤球である確率を，次の各場合について求めよ。

(1) まず球を 1 個取り出し，それを元に戻してから，さらに 1 個の球を取り出す。

(2) まず球を 1 個取り出し，それを元に戻さないで，さらに 1 個の球を取り出す。

(3) 一度にまとめて 2 個の球を取り出す。

問題の意味はみんなよく分かると思う。これまで何度も解いてきたからね。(1) は，1 度目に取り出した球をまた元に戻すので，2 番目に球を取り出す結果に影響しない。つまり，"独立な試行の確率" になるね。(2) は，1 度目に取り出した球を元に戻さないので，1 度目の結果が 2 度目の結果に影響を与える "条件付き確率" になるんだね。そして，(3) では，1 度にまとめて 2 個の球をガサッと取り出すときの確率になる。

(1) 最初に取り出した球を元に戻して，もう 1 度球を取り出すので，独立な試行の確率となるんだね。1 度目も 2 度目も共に，10 個中 6 個の赤球のうち 1 個を取り出すことになり，この 2 つの確率の積がこの場合の確率になる。この確率を P_1 とおくと，

$$P_1 = \frac{{}_6C_1}{{}_{10}C_1} \times \frac{{}_6C_1}{{}_{10}C_1} = \frac{6}{10} \times \frac{6}{10} = \left(\frac{3}{5}\right)^2 = \frac{9}{25} \text{ となるね。}$$

| 1 回目に赤球を取り出す。 | 2 回目に赤球を取り出す。 | 1 回目に赤球を取ったことが，2 回目の結果に影響しない。(独立な試行の確率) |

(2) 1 回目に取り出した赤球を元に戻さないで，2 回目に赤球を取り出す確率を P_2 とおくよ。すると，1 回目に赤球を取り出したという条件の下で 2 回目に赤球を取り出す条件付き確率になる。この 2 回目は，9 個中残った 5 個の赤球のうちの 1 つを取り出す確率になるので，$\frac{{}_5C_1}{{}_9C_1}$ となるんだね。これを，1 回目に赤球を取り出す確率 $\frac{{}_6C_1}{{}_{10}C_1}$ にかければ，求める確率 P_2 になるわけだ。よって，

$$P_2 = \frac{{}_6C_1}{{}_{10}C_1} \times \frac{{}_5C_1}{{}_9C_1} = \frac{6}{10} \times \frac{5}{9} = \frac{30}{90} = \frac{1}{3} \text{ となるんだね。}$$

| 1 回目に赤球を取り出す。 | 2 回目に赤球を取り出す。 | 1 回目に赤球を取ったことが，2 回目の結果に影響を与える。(条件付き確率) |

事象 A：1 回目に赤球を取り出す。事象 B：2 回目に赤球を取り出す。とおいて，P_2 を乗法定理を用いて，次のように求めてもいい。
$$P_2 = P(A \cap B) = P(A) \cdot P_A(B) = \frac{6}{10} \times \frac{5}{9} = \frac{30}{90} = \frac{1}{3}$$

(3) 1 度にまとめて 2 個の球を取り出して，それが 2 個とも赤球である確率を P_3 とおこう。ここで，取り出したものが 2 個とも赤球である事象を A とおく。まず，全事象の場合の数 $n(U)$ は，計 10 個の球から 2 個を選び出すので，

$$n(U) = {}_{10}C_2 = \frac{10!}{2! \cdot 8!} = \frac{10 \cdot 9}{2 \cdot 1} = 45 \text{ 通りとなる。}$$

次，事象 A の場合の数 $n(A)$ は，6 個の赤球から 2 個を選び出すので，

$$n(A) = {}_6C_2 = \frac{6!}{2! \cdot 4!} = \frac{6 \cdot 5}{2 \cdot 1} = 15 \text{ 通りとなる。}$$

$\therefore P_3 = \dfrac{n(A)}{n(U)} = \dfrac{15}{45} = \dfrac{1}{3}$ となる。どう？ 面白い結果になったね。

エッ，何が面白いか分からんって？ (2) と (3) のそれぞれの確率 P_2 と P_3 が同じ $\dfrac{1}{3}$ になっているだろう。これが注目ポイントなんだ。じゃ，何故，同じになるか，その理由を説明しておこう。(2) では，1 回目に球を取り出して，それを元に戻さずにもう 1 回球を取り出したとき，取り出された 2 つの球が共に赤球となる確率が，$P_2 = \dfrac{1}{3}$ と計算できた。これに対して，(3) では 1 度にガサッと 2 個の球を取り出し，その 2 個の球がいずれも赤球となる確率として，$P_3 = \dfrac{1}{3}$ が求まったんだね。では，何故この 2 つが同じになるのか？ ボク達の感覚では，(2) は 1 回取り出して，次に 2 回目を取り出すまでに一定の時間差があるように思えるね。でも，数学ではこの時間差を考慮に入れることなく計算していることになるんだ。たとえば，動きの緩慢な老人が，1 個を取り出した後，それを戻さずにもう 1 個取り出しても，スパイダーマンのように目にも止まらぬ速さで動ける人が同様のことを行なっても，確率の計算には影響しないということなんだ。そして，このスパイダーマンの速さで，1 個を取り出し，それを元に戻さずにもう 1 個取り出すということは，瞬間的に 2 個の球を取り出すのと同じなんだね。だから，確率 P_2 と確率 P_3 は等しくなるんだね。納得いった？

それでは，この時間と確率の面白い関係について，さらに解説しておこう。これは，典型的な条件付き確率の問題で，試験でもよく出題されるテーマなんだけれど，確率と時間の関係について考えさせられる問題なんだね。具体例を使って，これから教えよう。

● 典型的な条件付き確率の問題を解いてみよう！

後で，ちょっと頭を悩ませることになるかもしれないけれど，次の典型的な条件付き確率の問題を解いてみよう。

赤いカードが 3 枚と白いカードが 2 枚入った箱 X と，赤いカードが 1 枚と白いカードが 4 枚入った箱 Y がある。まず，無作為に箱 X か箱 Y を選び，その箱の中から 1 枚のカードを取り出した結果，そのカードは赤いカードであった。このとき，選んだ箱が X であった確率を求めよ。

これは，2 つの事象 A, B を，A：赤いカードを取り出す，B：箱 X を選ぶ，とおいて考えると，見通しが立つと思う。つまり，この問題では，A が起こったという条件の下で，B が起こる条件付き確率 $P_A(B)$ を求めなさいと，言っているんだね。これは，典型的な条件付き確率の問題だよ。

右図に示すように，箱 X には赤いカードが 3 枚と白いカードが 2 枚入っていて，箱 Y には赤いカードが 1 枚と白いカードが 4 枚入っているんだね。

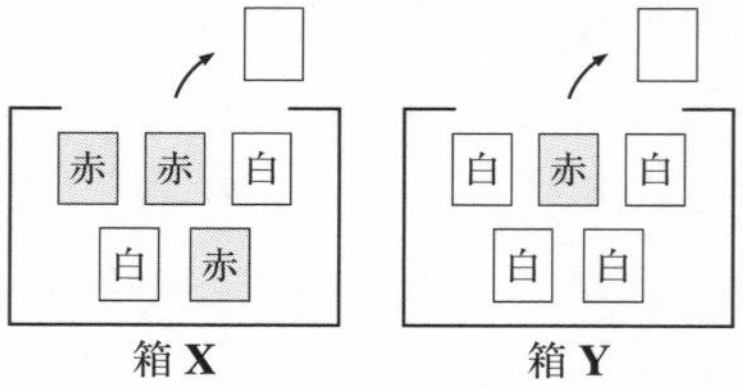

箱 X　　　　箱 Y

ここでまず，箱 X か箱 Y を無作為に選ぶと言っているわけだから，X を選ぶ確率も，Y を選ぶ確率も共に等しく $\frac{1}{2}$ ということになる。そして，選んだ箱からカードを 1 枚取り出して，そのカードが赤いカードだったと言っているんだね。

したがって，ここで 2 つの事象 A, B を次のようにおくことにしよう。

$\begin{cases} 事象 A：取り出したカードが赤いカードである。\\ 事象 B：箱 X を選ぶ。 \end{cases}$

このように，2 つの事象 A, B をおくことにより，問題を解くための糸口が見えてきただろう。つまり，

取り出したカードが赤いカードであったという条件の下で，選んだ箱が **X** で

事象A　　　　　　　　　　　　　　　　　事象B

あったという条件付き確率 $P_A(B)$ を求めればいいんだね。これは，公式より，

事象 A が起こったという条件の下で，事象 B の起こる確率

$$P_A(B) = \frac{P(A \cap B)}{P(A)} \quad \left[= \frac{\bigcirc}{\bigcirc} \right] \cdots\cdots ①$$

これはイメージ

ベン図

となることは，大丈夫だね。

・ここで，事象 A，すなわち取り出した 1 枚のカードが赤いカードである
確率 $P(A)$ は，（ⅰ）箱 **X** を選んで，赤いカードを 1 枚取り出すか，または
（ⅱ）箱 **Y** を選んで，赤いカードを 1 枚取り出すかのいずれかなので，
これらの確率の和を求めればいいんだね。よって，

$$P(A) = \frac{1}{2} \times \frac{{}_3C_1}{{}_5C_1} + \frac{1}{2} \times \frac{{}_1C_1}{{}_5C_1}$$

（ⅰ）**X**を選ぶ　5枚のカードの内3枚の赤いカードから1枚取り出す　（ⅱ）**Y**を選ぶ　5枚のカードの内1枚の赤いカードを取り出す

$$= \frac{1}{2} \times \frac{3}{5} + \frac{1}{2} \times \frac{1}{5} = \frac{3+1}{10} = \frac{4}{10} = \frac{2}{5} \quad \cdots\cdots ② \text{ となるね。}$$

・次に，$P(A \cap B)$ は，箱 **X** を選んで，かつ 1 枚の赤いカードを取り出す
確率なので，

$$P(A \cap B) = \frac{1}{2} \times \frac{{}_3C_1}{{}_5C_1} = \frac{1}{2} \times \frac{3}{5} = \frac{3}{10} \quad \cdots\cdots ③ \text{ となる。}$$

Xを選ぶ　5枚のカードの内3枚の赤いカードから1枚取り出す

よって，②，③を①に代入すると，条件付き確率 $P_A(B)$ は，

$$P_A(B) = \frac{P(A \cap B)}{P(A)} = \left(\frac{\frac{3}{10}}{\frac{2}{5}} \right) = \frac{3 \times 5}{2 \times 10} = \frac{15}{20} = \frac{3}{4} \text{ となって，答えなんだね。}$$

ン？でも，何か納得がいかない顔をしているね。その心を当ててみようか？問題文では「まず初めに箱 **X** か箱 **Y** かを無作為に選んだ後で，その箱から 1 枚のカードを取り出して，それが赤いカードであった」と言っているわけだから，赤いカードを取り出した時点ではもう既に箱 **X** か箱 **Y** かのいずれかは選択されているはずなんだね。

　したがって，1 枚の赤いカードを取り出した条件の下で，箱 **X** を選んだ条件付き確率を求めるということは，時間の流れの前後関係が逆転しているんじゃないか？って疑問が湧いてきてるんだろう？　キミの疑問はとても自然なことだと思うよ。

　でも，数学的には，このような時間の前後関係は無視して，条件付き確率として，$P_A(B)$ を公式通り求めることができるんだね。そして，この解釈としては，1 枚の赤いカードが取り出されたとき，過去にさかのぼって箱 **X** が選ばれたであろう確率を推定し，それが $P_A(B)$ であると考えればいいんだね。これで疑問も解決できたかな？

　それでは，練習問題と同じ条件で，条件付き確率 $P_{\bar{A}}(B)$ を，公式通り求めてみよう。これは，取り出した 1 枚のカードが白いカードであったという条件の下で，選んだ箱が **X** であったという，つまり，余事象 $\bar{A}$ が起こったという条件の下で，事象 **B** が起こる条件付き確率のことなんだね。

余事象 $\bar{A}$

事象 **B**

これも，公式通り求めると，次のようになる。

$$P_{\bar{A}}(B) = \frac{P(\bar{A} \cap B)}{P(\bar{A})} \quad \cdots\cdots ④$$

・まず，1 枚の白いカードを取り出す確率 $P(\bar{A})$ は，(ⅰ) 箱 **X** を選んで 1 枚の白いカードを取り出すか，または (ⅱ) 箱 **Y** を選んで，1 枚の白いカードを取り出すかのいずれかなので，これらの確率の和を求めればいいんだね。よって，

$$P(\overline{A}) = \frac{1}{2} \times \frac{{}_2C_1}{{}_5C_1} + \frac{1}{2} \times \frac{{}_4C_1}{{}_5C_1}$$

(ⅰ)Xを選ぶ ／ 5枚のカードの内2枚の白いカードから1枚取り出す

(ⅱ)Yを選ぶ ／ 5枚のカードの内4枚の白いカードから1枚取り出す

これは，余事象の確率より，②から，
$$P(\overline{A}) = 1 - P(A)$$
$$= 1 - \frac{2}{5} = \frac{3}{5}$$
としても求まるね。

$$= \frac{1}{2} \times \frac{2}{5} + \frac{1}{2} \times \frac{4}{5} = \frac{1}{5} + \frac{2}{5} = \frac{3}{5} \quad \cdots\cdots⑤ \quad となるね。$$

・次に，$P(\overline{A} \cap B)$ は，箱 X を選んで，かつ 1 枚の白いカードを取り出す確率なので，

$$P(\overline{A} \cap B) = \frac{1}{2} \times \frac{{}_2C_1}{{}_5C_1} = \frac{1}{2} \times \frac{2}{5} = \frac{1}{5} \quad \cdots\cdots⑥ \quad となる。$$

よって，⑤，⑥を④に代入すると，求める条件付き確率 $P_{\overline{A}}(B)$ は，

$$P_{\overline{A}}(B) = \frac{P(\overline{A} \cap B)}{P(\overline{A})} = \left(\frac{\frac{1}{5}}{\frac{3}{5}}\right) = \frac{1 \times 5}{3 \times 5} = \frac{1}{3} \quad となるんだね。大丈夫だった？$$

このような条件付き確率の問題が出てきたら，時間的な前後関係は気にせずに，公式を利用して結果を出していけばいいんだね。

　数学って，意味が分かるようになって，理解が深まると，ますます面白くなっていくものなんだね。それでは，今日の講義はこれで終了です。いろんな問題を解いたから，この後よく復習して，頭の中を整理しておくことだね。特に内容のある問題は 1 回で理解しようとするのではなく，何度も反復練習して，自分のものにしていってくれたらいいんだよ。

　それじゃ，みんな，次回も元気で会おうな。さようなら……。

1. 順列の数　$_nP_r = \dfrac{n!}{(n-r)!}$

2. 同じものを含む順列の数　$\dfrac{n!}{p! \cdot q! \cdot r! \cdots}$

3. 円順列の数　$(n-1)!$

4. 組合せの数　$_nC_r = \dfrac{n!}{r!(n-r)!}$

5. 組合せの数の公式

（ⅰ）$_nC_n = 1$　　　（ⅱ）$_nC_1 = n$　　　（ⅲ）$_nC_r = {}_nC_{n-r}$　　　など

6. 確率の加法定理

（ⅰ）$A \cap B = \phi$（A と B が互いに排反）のとき，

$$P(A \cup B) = P(A) + P(B)$$

（ⅱ）$A \cap B \neq \phi$（A と B が互いに排反でない）のとき，

$$P(A \cup B) = P(A) + P(B) - P(A \cap B)$$

7. 余事象の確率

(1) $P(A) + P(\overline{A}) = 1$　　　**(2)** $P(A) = 1 - P(\overline{A})$

8. 独立な試行の確率

互いに独立な試行 T_1, T_2 について，試行 T_1 で事象 A が起こり，かつ試行 T_2 で事象 B が起こる確率は，$P(A) \times P(B)$

9. 反復試行の確率

ある試行を 1 回行って事象 A の起こる確率を p とおくと，この独立な試行を n 回行って，その内 r 回だけ事象 A の起こる確率は，$_nC_r p^r q^{n-r}$ $(r = 0, 1, 2, \cdots, n)$（ただし，$q = 1 - p$）

10. 条件付き確率

事象 A が起こったという条件の下で，事象 B が起こる条件付き確率 $P_A(B)$ は，　$P_A(B) = \dfrac{P(A \cap B)}{P(A)}$

11. 確率の乗法定理

$$P(A \cap B) = P(A) \cdot P_A(B)$$

2 整数の性質

――――――テーマ――――――

▶ 約数と倍数
（ $A \cdot B = n$ 型の整数問題）

▶ ユークリッドの互除法と不定方程式
（ $ax + by = n$ ）

▶ n 進法と合同式
（ $a \equiv b \pmod{n}$ ）

7th day　約数と倍数

　みんな，おはよう！　今日もいい天気だね。さて，今日から新たなテーマ"整数の性質"の講義に入ろう。整数とは，もちろんみんな知っての通り，…，−3，−2，−1，0，1，2，3，…のことで，数の中でも最も基本的なものなんだね。でも，この整数に関する問題は"整数問題"と呼ばれ，大学受験では難関大が好んで出題するかなりレベルの高いものなんだよ。

　ン？　ちょっとビビった？　でも，心配は無用だよ。確かに教える内容はたく山あるんだけれど，また1つ1つていねいに教えていくからね。

　今回の講義では，整数の基本として，まず整数の"約数"や"倍数"と関連させて，自然数が"素数"と"合成数"に分類できることを示そう。そして，整数の"素因数分解"や約数の個数の求め方，また"$A \cdot B = n$型の整数問題"についても解説しよう。さらに，"最大公約数"や"最小公倍数"についても教えるつもりだ。内容満載だね。

　でも，丁寧に分かりやすく教えるからね。じゃあ，始めるよ！

● 整数の約数や倍数の話から始めよう！

　整数とは，…，−3，−2，−1，0，1，2，3，…のことで，特に正の整数1，2，3，…のことを自然数と呼ぶのはみんな知っているね。

　ここで，たとえば，整数6は，$6 = 2 \times 3$と表すことができるので，
「2や3は，6の約数である。」と言えるし，また，
「6は，2や3の倍数である。」とも言えるんだね。

　この約数や倍数の関係を一般化して表すと，次のようになる。

■ 整数の約数と倍数

整数 b が，整数 a で割り切れるとき，つまり，
$b = m \cdot a$ ……(*)　(ただし，$a \neq 0$ とする。)
となる整数 m が存在するとき，
・「a は，b の約数である。」と言えるし，また
・「b は，a の倍数である。」と言える。

90

ここで、(＊)の右辺の m と a は、相対的なものだから、$\underline{6=2\times3}$ から、

$$\boxed{2 \text{と} 3 \text{のいずれを} m, \text{いずれを} a \text{とみてもいい。}}$$

6 の約数として、2 と 3 を挙げたんだね。

しかし、正の整数(自然数)で考える場合でも、6 は $6=2\times3=1\times6$ と表せるので、6 のすべての正の約数は 1, 2, 3, 6 の 4 個になるのが分かるね。さらに、正・0・負も含めた一般の整数で考えると、6 は、

$6=2\times3=1\times6=(-2)\times(-3)=(-1)\times(-6)$ とも表せるので、6 のすべての約数は、$\pm1, \pm2, \pm3, \pm6$ の 8 個ということになる。このように、

$$\boxed{1, 2, 3, 6, -1, -2, -3, -6 \text{をまとめて表したものだ。}}$$

一般の整数で考えると符号 (⊕, ⊖) が入ってきて、表記がわずらわしいので、以後暫くは、正の整数(自然数)について考えることにしよう。

ここで、たとえば、582 という数は 6 (=2×3) の倍数であるし、また、たとえば、7515 は 45 (=5×9) の倍数であり、さらに、1336 は 8 の倍数であることも分かる。エッ、そんなことが、何故すぐ分かるのかって!? そのコツをこれから教えよう。582 や 7515 などのような 3 桁以上のある程度大きな数が、2, 3, 4, 5, 6, 8, 9 の倍数であるか否かのチェックは、次の通りだ。

2, 3, 4, 5, 6, 8, 9 の倍数のチェック

(ⅰ) 2 の倍数：一の位の数が 0, 2, 4, 6, 8 のいずれかである。

(ⅱ) 3 の倍数：各位の数の和が 3 の倍数である。

(ⅲ) 4 の倍数：下 2 桁が 4 の倍数である。

(ⅳ) 5 の倍数：一の位の数が 0, 5 のいずれかである。

(ⅴ) 6 の倍数：2 の倍数であり、かつ 3 の倍数である。

(ⅵ) 8 の倍数：下 3 桁が 8 の倍数である。

(ⅶ) 9 の倍数：各位の数の和が 9 の倍数である。

(ⅰ) 与えられた数が 2 の倍数ということは、偶数のことだから、当然一の位の数は 0, 2, 4, 6, 8 のいずれかになるんだね。上の例の 582 の一

$$\boxed{\text{一の位の数}}$$

の位の数は **2** より，これは，**2** の倍数であることがスグ分かる。

(ⅱ) 次，**3** の倍数かどうかのチェックは，与えられた数の各位の数の和が **3** の倍数であるか？ 否か？ で行う。例の **582** は，**10** 進数表示で「**5** 百 **8** 十 **2**」と読むわけだけど，ここでは，各位の数 **5** と **8** と **2** の和をとって，**5 + 8 + 2 = 15** より，これは **3** の倍数だね。これから，**582** は **3** の倍数と言えるんだね。何故，そうなるのかって？ それは，**582** を次のように変形すれば明らかになる。

$$582 = \underline{5 \times 100} + \underline{8 \times 10} + \underline{2}$$

$$\underbrace{\text{「5 百」}} \quad \underbrace{\text{「8 十」}} \quad \underbrace{\text{「2」のこと}}$$

$$= 5 \times (99 + 1) + 8 \times (9 + 1) + 2$$

$$= \underline{5 \times 99 + 8 \times 9} + \underline{5 + 8 + 2}$$

$$\boxed{5 \times \underline{3} \times 33 + 8 \times \underline{3} \times 3 = \underline{3}(5 \times 33 + 8 \times 3)}$$

$$= \underline{3 \times (5 \times 33 + 8 \times 3)} + \underline{5 + 8 + 2}$$

$\boxed{3 \times m (\text{整数}) \text{の形より，これは 3 の倍数}}$ $\boxed{\text{各位の数の和，これが 3 の倍数か？ 否か？}}$

よって，$3 \times \underline{(5 \times 33 + 8 \times 3)}$ の部分は **3** の倍数だから，これに足され

$\boxed{m (\text{整数})}$

る各位の数の和 **5 + 8 + 2** が **3** の倍数か？ 否か？ を調べればいいんだね。今回はこれが $15 (= 3 \times 5)$ で **3** の倍数より，**582** は **3** の倍数であ

$\boxed{3 \times m \text{の形}}$

ることが，スグに分かるんだね。

(ⅲ) では次，**4** の倍数か否かのチェックは，与えられた数の下 **2** 桁が **4** の倍数になるか？ 否か？ で決まる。なぜなら，$100 = 4 \times 25$ より，**100** が **4** の倍数であることから言えるんだ。だから，さっきの例の **1336** を

$$\underline{13 \times 100} + \underline{36} \quad \text{と表すと，}$$

$\boxed{\text{下 2 桁が } 36 = 4 \times 9 \text{ より，4 の倍数}}$

$\boxed{13 \times 4 \times 25 = 4 \times \underline{13 \times 25} \text{ より，4 の倍数}}$

$\boxed{m (\text{整数})}$

13×100 の部分は必ず 4 の倍数となるので，下 2 桁の数が 4 の倍数か？否か？をチェックすればいいんだね。そして，この 1336 の下 2 桁は $36 = 4 \times 9$ で，4 の倍数なので，1336 も 4 の倍数であることが分かるんだね。

(iv) 与えられた数が 5 の倍数となるのは，一の位が，0 または 5 のときだけだね。よって，先に出した例の 7515 は，一の位の数が 5 なので，5 の倍数だとスグ分かる。

> 一の位の数

(v) 与えられた数が，6 の倍数かどうかは，これが 2 の倍数であり，かつ 3 の倍数であることが示せるかどうかで決まる。先程の例の 582 は，(i) 一の位が 2 より，2 の倍数であり，かつ (ii) 各位の数の和 $5 + 8 + 2 = 15$ が 3 の倍数より，3 の倍数であることが分かるので，582 は結局 6 の倍数であることが分かるんだね。

> 与えられた数が，7 の倍数か否かのチェック法もあるんだけれど，これは少し込み入っているので，ここでは割愛した！ゴメン m(_ _)m

(vi) 次，8 の倍数かどうかのチェックは，与えられた数の下 3 桁が 8 の倍数かどうかで決まる。なぜなら，

$1000 = 8 \times 125$ より，1000 は 8 の倍数なので，

例として出した 1336 を

$1 \times 1000 + \underline{336}$ と表すと，

> 8×42 より，8 の倍数

> 8×125 より，8 の倍数

1×1000 の部分は必ず 8 の倍数となるので，下 3 桁の 336 が 8 の倍数か否かを調べればいい。ここで，$336 = 8 \times 42$ より，これも 8 の倍数なので，1336 は 8 の倍数であると言えるんだね。

(vii) 最後に，9 の倍数か否かのチェックは，3 の倍数のときと同様に，与えられた数の各位の数の和が 9 の倍数かどうかで行えばいい。例で出した 7515 は，1 の位の数が 5 だから 5 の倍数であることはスグ分かるけど，この各位の数の和が，$7 + 5 + 1 + 5 = 18 (= 9 \times 2)$ となって，

9 の倍数となるので，**7515** は **9** の倍数でもある。よって，この，**7515** は，**45(= 5 × 9)** の倍数であると言ったんだね。

では，**7515** が何故 **9** の倍数となるのかも，示しておこう。

$$7515 = 7 \times \underbrace{10^3}_{\boxed{\lceil 7 千 \rfloor}} + 5 \times \underbrace{10^2}_{\boxed{\lceil 5 百 \rfloor}} + 1 \times \underbrace{10}_{\boxed{\lceil 1 十 \rfloor}} + \underbrace{5}_{\boxed{\lceil 5 \rfloor のこと}}$$

$$= 7 \times (999 + 1) + 5 \times (99 + 1) + 1 \times (9 + 1) + 5$$

$$= \underline{7 \times 999 + 5 \times 99 + 1 \times 9} + \underline{7 + 5 + 1 + 5}$$

$$\underline{\underline{7 \times 9 \times 111 + 5 \times 9 \times 11 + 1 \times 9 = 9(7 \times 111 + 5 \times 11 + 1)}}$$

$$= 9 \times (7 \times 111 + 5 \times 11 + 1) + \underline{7 + 5 + 1 + 5}$$

$\boxed{9 \times m(\text{整数}) \text{の形より，} \\ \text{これは } 9 \text{ の倍数}}$　$\boxed{\text{各位の数の和} \\ \text{これが } 9 \text{ の倍数か？否か？}}$

よって，**9 × (7 × 111 + 5 × 11 + 1)** の部分は **9** の倍数だから，これに足される各位の数の和 **7 + 5 + 1 + 5** が **9** の倍数か？否か？をチェックすればいい。今回は，これが **18(= 9 × 2)** で **9** の倍数なので，元の **7515** も **9** の倍数だと分かったんだね。納得いった？

では，次の練習問題でさらに練習しておこう。

練習問題 25　倍数と約数　CHECK **1**　CHECK **2**　CHECK **3**

次の数は，**2**，**3**，**4**，**5**，**6**，**8**，**9** のいずれの倍数になるか。
  (1) 318　　　　(2) 555　　　　(3) 2556

---

5 の倍数 (一の位が **0** か **5**) かどうかはスグ分かるので，その後，**2**，**4**，**8** の倍数か？**3**，**9** の倍数か？を調べればいいね。

(1) ・**318** は偶数より **2** の倍数だね。

  ・次に，各位の和は，
   3 + 1 + 8 = 12(= 3 × 4) より，これは，**3** の倍数と言える。
   よって，**318** は，**2 × 3(= 6)** の倍数だと言える。

(2) ・**555** は一の位が **5** より **5** の倍数だね。

  ・次に，各位の和が，
   5 + 5 + 5 = 15(= 3 × 5) で，**3** の倍数なので，**555** は **3** の倍数でもある。

よって，**555** は，$3 \times 5(=15)$ の倍数だと分かるんだね。

(3)・**2556** は偶数だから **2** の倍数だけど，下 **2** 桁の **56** が **4** の倍数なので，まず，**2556** は <u>4</u> の倍数だと言える。

> 下 **3** 桁 **556** は，**8** の倍数ではないので，**2556** は **8** の倍数ではない！

・次に，各位の和が，

$2+5+5+6=18(=3 \times 6=9 \times 2)$ で，**3**，**6**，**9** の倍数であることが分かった。よって，**2556** は，**2**，**3**，**4**，**6**，**9** の倍数であると言えるんだね。

どう？ 整数をみたら，それがどんな数の倍数かスグ言えるようになっただろう？

● 素因数分解も押さえておこう！

1 を除く自然数：**2**，**3**，**4**，**5**，**6**，**7**，**8**，**9**，**10**，**11**，**12**，**13**，**14**，…は，
$2=1 \times 2$，$3=1 \times 3$，$4=1 \times 4$，$5=1 \times 5$，$6=1 \times 6$，$7=1 \times 7$，$8=1 \times 8$
…のように，すべて **1** と自分自身を約数にもつのはいいね。でも，
$\underline{4=2^2}$，$\underline{6=2 \times 3}$，$\underline{8=2^3}$，…のように，**1** と自分自身以外にも約数をもつ

> **4** は，**2** を約数にもつ

> **6** は，**2** と **3** を約数にもつ

> **8** は，**2** と **4** を約数にもつ

ものもあるんだね。

このように，**2** 以上の自然数は，**1** と自分自身以外に約数をもたないものと，もつものとに分類することができる。前者を "**素数**" といい，主に
<u>**p**</u> で表す。そして，後者を "**合成数**" と呼ぶ。まとめて，下に示そう。

> "**素数**"（*prime number*）の頭文字の **p** をとった！

素数と合成数

1 を除く正の整数（自然数）は，次のように素数と合成数に分類できる。

（ⅰ）素数：**1** と自分自身以外に約数をもたないもの。

（ⅱ）合成数：**1** と自分自身以外にも約数をもつもの。

> **1** だけは，素数でも合成数でもないことに注意しよう。

これから，素数を小さい順に列挙すると，次のようになるのはいいね。

2，3，5，7，11，13，17，19，23，29，31，37，41，43，47，…

2以外の偶数 (**4，6，8，**…など) はすべて，**1**と自分自身以外に**2**を約数にもつもので素数にはなり得ない。つまり，素数で偶数は**2**のみで，他の素数はすべて奇数になっていることに気を付けよう。ここで，約数は“**因数**”とも呼ばれる。そして，この因数が素数であるとき，これを“**素因数**”と呼ぶ。合成数はすべて，この素因数の積の形で一意に表すこ

> “1通り” ということ

とができる。これを“**素因数分解**”というんだね。したがって，前ページで示した $4 = 2^2$，$6 = 2 \times 3$，$8 = 2^3$ は，合成数**4，6，8**を素因数分解した例だったんだね。これ以外にも，素因数分解の例を示すと，次のようになる。

$12 = 2^2 \times 3$，$14 = 2 \times 7$，$15 = 3 \times 5$，$16 = 2^4$，$18 = 2 \times 3^2$，…

そして，練習問題**25(P94)**で示した**(1)318**や**(2)555**や**(3)2556**など，比較的大きな数の素因数分解については，順次**2，3，**…と小さな素数で割りながら，その結果を素因数分解の形にまとめればいいんだね。

(1) 318 は，**2×3**を因数にもつので，次のように素因数分解できる。

> これも素数

$318 = 2 \times 3 \times \underline{53}$

(2) 555 は，**3×5**を因数にもつので，次のように素因数分解できる。

> これも素数

$555 = 3 \times 5 \times \underline{37}$ となる。

(3) 2556 は，$2^2 \times 3^2$ を因数にもつので，次のように素因数分解できる。

> これも素数

$2556 = 2^2 \times 3^2 \times \underline{71}$

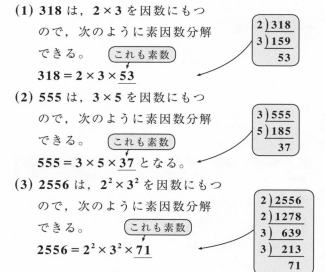

● 素因数分解から約数の個数が分かる！

では次，合成数の素因数分解から，その合成数の正の約数の個数を求める手法についても解説しよう。

たとえば，18 の正の約数を小さい順に並べると，1，2，3，6，9，18 の 6 個であることはスグに分かるね。実は，この約数 1，3，9，2，6，18

$$\boxed{\text{順番はワザと変えてる！}}$$

の個数は，18 の素因数分解と密接に関係している。

実際に 18 を素因数分解すると，次のようになるのはいいね。

$18 = \underline{2^1} \times 3^2$

$$\boxed{2 \text{ を } 2^1 \text{ と表記した！}}$$

$2^0 = 1$，$3^0 = 1$ であることに気を付けると，18 の約数はそれぞれ次のように表されるのは大丈夫かな。

$1 = 2^0 \times 3^0$，$3 = 2^0 \times 3^1$，$9 = 2^0 \times 3^2$，

$2 = 2^1 \times 3^0$，$6 = 2^1 \times 3^1$，$18 = 2^1 \times 3^2$

これらと，$18 = 2^1 \times 3^2$ を比較して何か気付かない？ …，そうだね。18

$$\boxed{\text{指数部}}$$

の約数というのは，18 を素因数分解した $2^{\boxed{1}} \times 3^{\boxed{2}}$ の指数部が，変化して

$$\boxed{0, 1 \text{ に変化}} \quad \boxed{0, 1, 2 \text{ に変化}}$$

できているんだね。つまり，$18 = 2^{\boxed{1}} \times 3^{\boxed{2}}$ と，2 の指数部は 0，1 の 2 通りに変化し，かつ 3 の指数部は 0，1，2 の 3 通りに変化しているね。そして "かつ" がきたら "積の法則" から，$2 \times 3 = 6$ 通りの，つまり 6 個の約数が存在することが分かるんだね。要領はつかめた？ それじゃ，もっと大きな自然数の約数の個数にもチャレンジしてみよう。

練習問題 26	約数の個数，積の法則	CHECK 1	CHECK 2	CHECK 3

自然数 360 の正の約数の個数を求めよ。

360 を素因数分解して，各素数の指数に着目すれば，大きな数 360 の正の約数の個数もアッサリ求まるんだね。それじゃ，具体的に解いてみよう。

360 を素因数分解すると

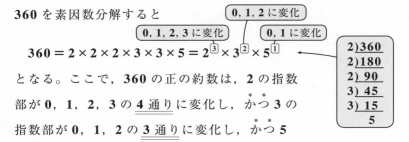

$$360 = 2 \times 2 \times 2 \times 3 \times 3 \times 5 = 2^{③} \times 3^{②} \times 5^{①}$$

となる。ここで，**360** の正の約数は，**2** の指数
部が **0，1，2，3** の **4 通り**に変化し，かつ **3** の
指数部が **0，1，2** の **3 通り**に変化し，かつ **5**
の指数部が **0，1** の **2 通り**に変化してできるので，**360** の正の約数の個数は，
4 × 3 × 2 = 24 通りある。つまり，**360** の正の約数は全部で **24** 個存在する
ことが分かるんだね。納得いった？

同様に，練習問題 **25(P94)** で示した **(1)318，(2)555，(3)2556** について
も，素因数分解できているので，次のように約数の個数が分かる。

(1) 318 = 2^{①} × 3^{①} × 53^{①}　　より，**318** の正の約数の個数は，

   2 × 2 × 2 = 8 個存在することが分かるし，

(2) 555 = 3^{①} × 5^{①} × 37^{①}　　より，**555** の正の約数の個数も，

   2 × 2 × 2 = 8 個存在することが分かるし，

(3) 2556 = 2^{②} × 3^{②} × 71^{①}　　より，**2556** の正の約数の個数は，

   3 × 3 × 2 = 18 個存在することが分かるんだね。

　以上で，たとえ大きな数になっても，自然数の正の約数の個数が簡単に
求まることが分かったと思う。

● *A・B = n* 型の整数問題にチャレンジしよう！

　一般に，未知数が *x* と *y* 2 つあるとき，これらの値を求めるには方程式
は **2** つ必要なんだね。でも，*x* と *y* が共に整数 (または，自然数) という
条件が付けば，たとえただ **1** つの方程式であったとしても，*x* と *y* の解の

組を求められる場合がある。

たとえば，2つの未知数 x, y に対して，

方程式：$x \cdot y = 3$ …① が与えられたとしよう。

もし，x と y が実数ならば，①をみたす x と y の解は無数に存在することになる。しかし，ここで，

(ⅰ) x と y が自然数という条件が付けば，

①の右辺は，素数の3なので，これは1と自分自身の3しか約数が存在しないことになる。よって，これをみたす解 (x, y) は，3の約数の組合せになるので，①の解として，

$(x, y) = (1, 3)$, $(3, 1)$ の2組が存在することが分かるね。

(ⅱ) また，x と y が整数という条件であれば，

符号 ($\oplus$, $\ominus$) まで考慮に入れると，①の右辺の3は，

$$3 = \underset{x}{1} \times \underset{y}{3} = \underset{x}{3} \times \underset{y}{1} = \underset{x}{(-1)} \times \underset{y}{(-3)} = \underset{x}{(-3)} \times \underset{y}{(-1)} \quad と表現できるので，$$

求める解 (x, y) の組は，次の4組になるんだね。

$(x, y) = (1, 3)$, $(3, 1)$, $(-1, -3)$, $(-3, -1)$

では，次の練習問題を解いてみよう。

練習問題 27 　整数の方程式　　CHECK *1*　　CHECK *2*　　CHECK *3*

整数 a, b が，$a \cdot b = -4$ ……(a) をみたすとき，

(a)の解 (a, b) の組をすべて求めよ。

---

a, b は共に整数より，(a)の右辺の -4 を，$-4 = 1 \times (-4)$ などと表せば，解の組 (a, b) が求まるんだね。

a, b は共に整数より，(a)の右辺の -4 を次のように表すと，

$$-4 = \underset{a}{1} \times \underset{b}{(-4)} = \underset{a}{(-1)} \times \underset{b}{4} = \underset{a}{4} \times \underset{b}{(-1)} = \underset{a}{(-4)} \times \underset{b}{1} = \underset{a}{2} \times \underset{b}{(-2)} = \underset{a}{(-2)} \times \underset{b}{2}$$

となるので，(a)をみたす整数の組 (a, b) は，

$(a, b) = (1, -4)$, $(-1, 4)$, $(4, -1)$, $(-4, 1)$, $(2, -2)$, $(-2, 2)$

の6組が存在するんだね。納得いった？

それでは，話をもう1歩先に進めてみよう！

整数 (または，自然数) の約数を利用する方程式として，

(整数の式) × (整数の式) = (整数)　……(＊)

の形の問題がよく問われる。ここでは，(＊) の **2** つの (整数の式) を **A**，**B** とおき，右辺の (整数) を **n** とおいて，"**A・B = n 型**" の整数問題と呼ぶことにしよう。エッ，難しそうだって？そんなことないよ。次に例を示そう。

整数 **a**，**b** について，方程式：

$$\underset{\text{\textcircled{A}}}{(a+2)}\underset{\text{\textcircled{B}}}{(b-1)} = \underset{\text{\textcircled{n}}}{3}　……①$$

> これが，**A・B = n** 型の整数の方程式だ。

が与えられたとき，**a**，**b** は整数より，当然 **a + 2** と **b − 1** も整数だね。よって，**2** つの整数の式の積が **3** となることより，

$(a+2, b-1) = (1, 3),\ (3, 1),\ (-1, -3),\ (-3, -1)$　となる。

これは，右の表 **1** のように表した方が分かりやすいと思う。これから

表1

$a+2$	1	3	−1	−3
$b-1$	3	1	−3	−1

(i)　$\begin{cases} a+2=1 \\ b-1=3 \end{cases}$　より，$a = -1$，$b = 4$

(ii)　$\begin{cases} a+2=3 \\ b-1=1 \end{cases}$　より，$a = 1$，$b = 2$

(iii)　$\begin{cases} a+2=-1 \\ b-1=-3 \end{cases}$　より，$a = -3$，$b = -2$

(iv)　$\begin{cases} a+2=-3 \\ b-1=-1 \end{cases}$　より，$a = -5$，$b = 0$

よって，方程式①をみたす整数 **a**，**b** の値の組，すなわち解 (a, b) は，

$(a, b) = (-1, 4),\ (1, 2),\ (-3, -2),\ (-5, 0)$　の **4** 組存在することが分かったんだね。どう？面白かった？

それでは，この **A・B = n** 型の整数の方程式と，その解法を次に，まとめて示しておこう。

100

$A \cdot B = n$ 型の整数の方程式

$A \cdot B = n$ …① $(A,\ B:$ 整数の式, $n:$ 整数)

の解は, n の約数を $A,\ B$ に割り当てる, 右の表を用いて求めることができる。

表1

A	1	n	$\cdots$	-1	$-n$
B	n	1	$\cdots$	$-n$	-1

では, $A \cdot B = n$ 型の問題を, 次の練習問題で解いてみよう。

2 つの自然数 $x,\ y$ が

$xy + 2x + y = 4$ …① **をみたす。このとき, ①の解 (x, y) の組をすべて求めよ。**

どうしたらいいか分からないって？①の左辺をうまく変形して, $A \cdot B = n$ の形, すなわち $(x + \bigcirc)(y + \triangle) = n$ の形に持ち込めばいいんだね。

①を変形して,

$\underbrace{xy + 2x}_{x(y+2)} + y = 4$ 　左辺に **2** をたした分右辺にも **2** をたした。

$x(y + 2) + 1 \cdot (y + 2) = 4 + \underline{2}$

左辺を, 共通因数 $(y + 2)$ でくくり出せる形に持ち込んだ！

$(x + 1)(y + 2) = 6$ …② ← $A \cdot B = n$ 型の完成！パチパチ!!

$\bigoplus$の整数　$\bigoplus$の整数

ここで, $x,\ y$ は自然数より $x + 1,\ y + 2$ は共に正の整数だね。よって, ②より, 右の表が作れる。よって,

表

$x + 1$	1	6	2	3
$y + 2$	6	1	3	2

$x + 1 > 0,\ y + 2 > 0$ より, $\bigominus$の因数は考えなくていいんだね。

(i) $\begin{cases} x + 1 = 1 \\ y + 2 = 6 \end{cases}$ より

$(x, y) = (0, 4)$ となって, x が自然数の条件をみたさない。よって, 不適。

101

(ii) $\begin{cases} x+1=6 \\ y+2=1 \end{cases}$ より $(x,y)=(5,-1)$

表				
$x+1$	1	6	2	3
$y+2$	6	1	3	2

となって，y が自然数の条件をみたさない。
よって，これも不適。

(iii) $\begin{cases} x+1=2 \\ y+2=3 \end{cases}$ より $(x,y)=(1,1)$

(iv) $\begin{cases} x+1=3 \\ y+2=2 \end{cases}$ より $(x,y)=(2,0)$ となって，y が自然数の条件を

みたさない。よって，これも不適だ。

以上 (i) ～ (iv) より，$xy+2x+y=4$ …①をみたす x,y の値の組は，
$(x,y)=(1,1)$ の 1 組だけであることが分かったんだね。納得いった？

● 最大公約数と最小公倍数も押さえておこう！

2 つ以上の正の整数 (自然数) に共通する約数を "公約数" という。
たとえば，24 と 18 の 2 つの自然数の約数はそれぞれ，

・24 の約数：①, ②, ③, 4, ⑥, 8, 12, 24
・18 の約数：①, ②, ③, ⑥, 9, 18

となるので，24 と 18 の公約数は 1, 2, 3, 6 となるのはいいね。そして，
この公約数の中で最大のものを "**最大公約数**" といい，これを g で表すこ

> "最大公約数" (*greatest common measure*) の頭文字をとって，**G.C.M.** と
> 表すこともあるが，ここではもっと簡単に g と表すことにする。

とにしよう。したがって，24 と 18 の最大公約数 g は $g=\underline{6}$ となるんだね。
　ここで，2 つの正の整数 a と b の最大公約数 g が 1 である場合，a と b
は "**互いに素**" であるという。だから，24 と 18 は最大公約数 $g=6(\neq 1)$
より，互いに素ではないんだね。でも，たとえば 4 と 3 の場合，最大公
約数 $g=1$ より，4 と 3 は互いに素であると言える。同様に，6 と 11 も，
12 と 13 も，互いに素と言えるんだね。大丈夫？
　では次に進もう。2 つ以上の正の整数 (自然数) に共通する倍数を
"**公倍数**" という。たとえば，24 と 18 の 2 つの自然数の倍数はそれぞれ

・24 の倍数：**24**，**48**，**⟨72⟩**，**96**，**120**，**⟨144⟩**，**168**，**192**，**⟨216⟩**，**240**，**…**

・18 の倍数：**18**，**36**，**54**，**⟨72⟩**，**90**，**108**，**126**，**⟨144⟩**，**…**，**⟨216⟩**，**…**

となるので，**24** と **18** の公倍数は，**72**，**144**，**216**，**…** と無数に存在する。そして，これらの無数に存在する公倍数の中で最小のものを，**"最小公倍数"**（さいしょうこうばいすう）と呼び，これを L で表すことにしよう。したがって，**24** と

> **"最小公倍数"**（*least common multiple*）の頭文字をとって，*L.C.M.* と表すこともあるが，ここではもっと簡単に L と表すことにする。

18 の最小公倍数 L は，$L=72$ になるんだね。

ここで，**24** と **18** の最大公約数 g と最小公倍数 L の求め方を，右図に具体的に示しておこう。

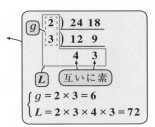

まず，**24** と **18** を並べて書き，これらの共通の素因数 **2**，**3**，**5**，**…** で順に割っていき，これら **2** 数の商が互いに素な数（この場合，**4** と **3**）となるようにする。

その結果，順次割った素因数の積が最大公約数 g（この場合，$g=2\times3=6$）であり，さらにこれに互いに素な **2** 数までを L の字型にかけたものが，最小公倍数 L（この場合 $L=\underline{2\times3}\times4\times3=72$）になるんだね。納得いった？
$\underbrace{2\times3}_{g}$

それでは **2** つの自然数 a と b の**最大公約数** g と**最小公倍数** L について，基本事項を下にまとめておこう。

■ 最大公約数 g と最小公倍数 L

2 つの正の整数 a，b について，

（ⅰ）a と b の共通の約数（公約数）の中で最大のものを**最大公約数** g という。

（$g=1$ のとき，a と b は**互いに素**であるという。）

（ⅱ）a と b の共通の倍数（公倍数）の中で最小のものを**最小公倍数** L という。

さらに，**2**つの自然数*a*，*b*と，それらの最大公約数*g*と最小公倍数*L*との間の関係は，床に貼るタイルの問題として図形的にヴィジュアルに表現することができる。

　ここでは，先程使った例：

a = **24**，*b* = **18**，最大公約数*g* = **6**，最小公倍数*L* = **72** を用いて，解説しておこう。

(ⅰ) *a* = **24**，*b* = **18**，*g* = **6**

　　　の関係：

　　　図 **1**(ⅰ) に示すように，縦 **24**，横 **18** の長方形の床面を正方形のタイルで敷き詰めるとき，その最も大きい正方形のタイルの辺の長さが最大公約数*g* = **6** となるんだね。

(ⅱ) 次，*a* = **24**，*b* = **18**，

　　　L = **72** の関係：

　　　図 **1**(ⅱ) に示すように，今度は，縦 **24**，横 **18** の長方形のタイルを敷き詰めて作る正方形の床面について，この正方形の床面の最も小さな **1** 辺の長さが最小公倍数*L* = **72** となるんだね。

図1　*g*と*L*の図形的な意味
(ⅰ) *a*と*b*と*g*の関係

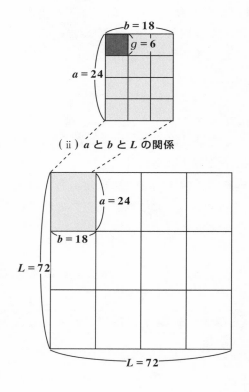

(ⅱ) *a*と*b*と*L*の関係

このように，最大公約数*g*と最小公倍数*L*を図形的・直感的にとらえておくことも必要なんだね。

　それでは，次の練習問題で，具体的に最大公約数*g*と最小公倍数*L*を求めてみよう。

練習問題 29　最大公約数と最小公倍数(Ⅰ)　CHECK *1*　CHECK*2*　CHECK*3*

次の 2 つの数の最大公約数 g と最小公倍数 L を求めよ。

(1) 162，252　　　　　　　**(2) 420，924**

2 つの数を並べて表し，順次共通の素因数で割っていけばいいんだね。

(1) $a = 162$，$b = 252$ とおくと，

右の割り算の図より，

$\begin{cases} a = \underbrace{2 \times 3^2}_{g} \times 9 \\[2mm] b = \underbrace{2 \times 3^2}_{g} \times 14 \end{cases}$ と表せる。

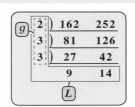

よって，a と b の最大公約数 $g = 2 \times 3^2 = 18$ であり，

最小公倍数 $L = 2 \times 3^2 \times 9 \times 14 = 18 \times 9 \times 14 = 2268$ である。

(2) $a = 420$，$b = 924$ とおくと，

右の割り算の図より，

$\begin{cases} a = \underbrace{2^2 \times 3 \times 7}_{g} \times 5 \\[2mm] b = \underbrace{2^2 \times 3 \times 7}_{g} \times 11 \end{cases}$ と表せる。

よって，a と b の最大公約数 $g = 2^2 \times 3 \times 7 = 84$ であり，

最小公倍数 $L = 2^2 \times 3 \times 7 \times 5 \times 11 = 4620$ であることが分かったんだね。計算のやり方も，これで完璧に理解できただろう。

以上のように，2 つの正の整数 a，b の最大公約数 g と最小公倍数 L を求める割り算の手順を図 2 に示す。これから a と b を順次共通因数で割った結果出てくる互いに素な自然数をそれぞれ a' と b' と

図2　g と L の公式

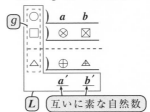

おくと，a と b，および g と L，そして a' と b' の間に次の公式が成り立つことが分かるはずだ。

最大公約数 g と最小公倍数 L の公式

2つの正の整数 a，b の最大公約数を g，最小公倍数を L とおくと，次の公式が成り立つ。

(i) $\begin{cases} a = g \cdot a' & \cdots\cdots(*1) \\ b = g \cdot b' \end{cases}$

          (a'，b'：互いに素な正の整数)

(ii) $L = g \cdot a' \cdot b'$ $\cdots\cdots(*2)$

(iii) $a \cdot b = g \cdot L$ $\cdots\cdots(*3)$

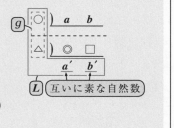

互いに素な自然数

抽象的に感じる人は，**P105** の練習問題 **29(1)** を例として考えてみるといい。このとき，$a = 162$，$b = 252$ を次のように表したんだね。

$a = \underbrace{2 \times 3^2}_{g} \times \underbrace{9}_{a'}$ $b = \underbrace{2 \times 3^2}_{g} \times \underbrace{14}_{b'}$ $\left(\begin{array}{l} a' = 9 \text{ と } b' = 14 \text{ は,} \\ \underline{互いに素} \end{array} \right)$

           ($*1$) の公式   1 以外に共通因数がない。

よって，$L = g \cdot a' \cdot b' = \underbrace{2 \times 3^2}_{g} \times \underbrace{9}_{a'} \times \underbrace{14}_{b'}$ として，L を求めた。

                                   ($*2$) の公式

さらに，($*3$) の公式は，($*1$) と ($*2$) から，次のように導ける。

($*3$) の左辺 $= a \times b = \underbrace{g \cdot a'}_{(*1) \text{の公式}} \times \underbrace{g \cdot b'}_{} = g \times \underbrace{g \cdot a' \cdot b'}_{L}$

                  ($*1$) の公式   ($*2$) の公式

      $= g \cdot L = (*3)$ の右辺   となるんだね。

納得いった？

　では，これらの公式を使って，もう **1** 題練習問題を解いてみよう。少し骨があるかも知れないけれど，今日解く最後の問題だ！頑張ろうな！

練習問題 30　最大公約数と最小公倍数（Ⅱ）　CHECK 1　CHECK 2　CHECK 3

2 つの正の整数 a，b の最大公約数 $g = 126$ であり，最小公倍数 $L = 1512$ であるものとする。このとき a，b の値を求めよ。
（ただし，$g < a < b$ であるとする。）

公式 $L = g \cdot a' \cdot b'$ …（＊2）に，$g = 126$，$L = 1512$ を代入すると，互いに素な 2 つの自然数 a' と b' の方程式が導けるんだね。

2 つの正の整数 a，b の最大公約数 $g = 126$ より，a と b は，互いに素な 2 つの正の整数 a'，b' を用いて，

$$\begin{cases} a = 126 \cdot a' \\ b = 126 \cdot b' \end{cases} \cdots\cdots ①$$ と表せる。

公式 $\begin{cases} a = g \cdot a' & \cdots（＊1）\\ b = g \cdot b' \end{cases}$ より

ここで，$g = 126$ と，$L = 1512$ を，

$g \cdot a' \cdot b' = L$ に代入して、 ←── 公式：$L = g \cdot a' \cdot b'$ より

$126 \cdot a'b' = 1512$　　∴ $a'b' = \dfrac{1512}{126} = 12$

a'，b' は正の整数で，かつ $\underline{a < b}$ より $\underline{a' < b'}$ となるので，

$g' \cdot a' < g' \cdot b'$ より

$(a', b') = (1, 12)$，$(2, 6)$，$(3, 4)$ の 3 通りが考えられるんだね。

（ⅰ）$(a', b') = (1, 12)$ のとき，$a = g \cdot \underset{①}{a'} = g$ となって、

$g < a$ の条件をみたさない。よって，不適。

（ⅱ）$(a', b') = (2, 6)$ のとき，a' と b' は互いに素の条件をみたさない。
　　　よって，不適。　 ←── ∵ 2, 6 の最大公約数 $g = 2（\neq 1）$ だからね。

（ⅲ）$(a', b') = (3, 4)$ のとき，①に代入して，

$a = g \cdot a' = 126 \times 3 = 378$，$b = g \cdot b' = 126 \times 4 = 504$

以上（ⅰ）（ⅱ）（ⅲ）より，求める a，b の値の組は，$(a, b) = (378, 504)$ のみであることが分かったんだね。大丈夫だった？

では，次回まで，今日の内容をヨ〜ク復習しておいてくれ。バイバイ！

8th day　ユークリッドの互除法と不定方程式

おはよう！ みんな，元気？ヨシヨシ！では，これから "**整数の性質**"
の 2 日目の講義に入ろう。

前回は，まず整数の素因数分解を中心に解説したけれど，今回は，整数
を正の整数で割ったときの余りに着目する "**除法の性質**" について，まず
解説しよう。この余りによって，すべての整数を分類することができる
んだね。また，前回は，2 つの正の整数 a と b の最大公約数 g について
も教えたけれど，今回は，この a と b が大きな数であっても，比較的楽
にその最大公約数 g を求める手法として，"**ユークリッドの互除法**" につ
いても教えよう。そしてさらに，前回は，$A \cdot B = n$ 型の整数の方程式につ
いて解説したけれど，今回は，$ax + by = n$ 型の整数の方程式，すなわち
"**1 次不定方程式**" についても解説するつもりだ。今回も，内容満載だけ
れど，整数の性質がさらに明らかになるので，興味が湧いてくるはずだ。
頑張ろうな！

● 除法の性質を利用して，整数を分類しよう！

17 を 3 で割ると，商が 5 で，余りが 2 であることは大丈夫だね。これ
を 1 つの式にまとめて書くと次のようになるのもいいね。

$$\underset{\boxed{\text{割られる数}}}{17} = \underset{\boxed{\text{割る数}}}{3} \times \underset{\boxed{\text{商}}}{5} + \underset{\boxed{\text{余り}}}{2}$$

では，これを一般化してみよう。ある整数を正の整数で割ったときの商と
余りについて，次の "**除法の性質**" の公式が成り立つんだね。

■ 除法の性質

整数 a を正の整数 b で割ったときの商を q，余りを r とおくと，
次式が成り立つ。

$$\underset{\boxed{\text{割られる数}}}{a} = \underset{\boxed{\text{割る数}}}{b} \times \underset{\boxed{\text{商}}}{q} + \underset{\boxed{\text{余り}}}{r} \quad \cdots\cdots(*) \quad (0 \leqq r < b)$$

108

$(ex1)$ **37** を **11** で割ると，商は **3**，余りは
4 より，$37 = 11 \times 3 + 4$
と表せる。

$(ex2)$ **117** を **7** で割ると，商は **16**，余り
は **5** より，$117 = 7 \times 16 + 5$
と表せるのもいいね。

ここで，除法の性質の公式：$a = b \times q + r$ …$(*)$ について，余り r は必ず
割る数 b よりは小さい **0** 以上の数で，$\underbrace{r = 0, 1, 2, \cdots, b-1}_{b \text{ 通り}}$ のいずれかに

なるということなんだね。ということは，逆に「整数全体を割る数 b の余
りにより b 通りに分類できる。」ことを意味する。エッ，言ってる意味が
分からんって!? いいよ。具体的に解説しよう。

$(ex3)$ 割る数 $b = 2$ のとき，一般の整数 n を $b = 2$ で割ったときの商を
$k($ 整数 $)$ とおくと，除法の性質の公式 $(*)$ より
$n = 2 \cdot k + r$ …① となるね。

ここで，余り r は $\underset{\underset{\boxed{r \text{ は，0 以上，2 (=}b\text{) より小}}}{\uparrow}}{r = 0}$ または **1** の **2** 通りしかないので，①は，

$n = \underset{\underset{\boxed{2k + 0 \text{ のこと}}}{\uparrow}}{2k}$，または $n = 2k + 1$ となる。

つまり，整数 n は，$\underset{\underset{\boxed{\cdots, -4, -2, 0, 2, 4, 6, \cdots}}{\uparrow}}{2k}($ 偶数 $)$ と，$\underset{\underset{\boxed{\cdots, -3, -1, 1, 3, 5, 7, \cdots}}{\uparrow}}{2k + 1}($ 奇数 $)$ に分類されること

が分かったんだね。大丈夫？

$(ex4)$ 割る数 $b = 3$ のとき，一般の整数 n を $b = 3$ で割ったときの商を
$k($ 整数 $)$ とおくと，同様に $(*)$ の公式から
$n = 3 \cdot k + r$ …② $\underset{\boxed{3 \text{ 通り}}}{(r = 0, 1, 2)}$ となるね。

よって，**3** で割ったこの余り r によって，一般の整数 n は，
$\underset{\underset{\boxed{\cdots, -3, 0, 3, 6, \cdots}}{\uparrow}}{n = 3k}$，または $\underset{\underset{\boxed{\cdots, -2, 1, 4, 7, \cdots}}{\uparrow}}{n = 3k + 1}$，または $\underset{\underset{\boxed{\cdots, -1, 2, 5, 8, \cdots}}{\uparrow}}{n = 3k + 2}$ に分類されること

になるんだね。納得いった？

以下同様に，整数 n は，

・割る数が 4 のときは，$4k$，$4k+1$，$4k+2$，$4k+3$（k：整数）の 4 通りに分類できるし，

・割る数が 5 のときは，$5k$，$5k+1$，$5k+2$，$5k+3$，$5k+4$（k：整数）の 5 通りに分類できるんだね。さらに，この割る数 5 による整数の分類は，$5k$，$\underline{5k\pm1}$，$\underline{5k\pm2}$ と，よりシンプルに表すこともできる。何故な

> $5k+1$ と $5k-1$ のこと　　$5k+2$ と $5k-2$ のこと

ら，$5k-1$ と $5k+4$ は本質的に同じものであり，また，$5k-2$ と $5k+3$ も本質的に同じものだからだ。

たとえば，整数 9 は，$\underline{5\times2-1}$ と表しても，$\underline{5\times1+4}$ としてもいいし，

> $5k-1$ の例　　　　　　　$5k+4$ の例

また，整数 8 は，$\underline{5\times2-2}$ と表しても，$\underline{5\times1+3}$ と表してもいいからなんだ。

> $5k-2$ の例　　　　　　　$5k+3$ の例

● 整数の分類を使って証明問題を解こう！

では，整数の分類を使って，まず，3×4 のような連続する 2 つの整数の積が 2 の倍数になること，さらに，$3\times4\times5$ のような連続する 3 つの整数の積が 6 の倍数になることを示そう。

($ex5$) 連続する 2 整数の積 $n(n+1)$（ただし，n：整数）が 2 の倍数であることを，$\underline{n=2k}$，または $\underline{2k+1}$（ただし，k：整数）の 2 通りに場合

> 偶数　　　　　　　　奇数

分けすることにより示してみよう。

（ ⅰ ）$n=2k$（偶数）のとき，

$$\underline{n}(\underline{n}+1)=2\cdot\underline{k(2k+1)}\quad\text{となって，2 の倍数だね。}$$

> $2k$　$2k$　　　　　　m（整数）

（ ⅱ ）$n=2k+1$（奇数）のとき，

$$\underline{n}\cdot(\underline{n}+1)=(2k+1)\cdot\underline{(2k+2)}=2\cdot\underline{(2k+1)\cdot(k+1)}$$

> $2k+1$　$2k+1$　　　　　$2(k+1)$　　　　　m（整数）

　　　となって，いずれの場合も **2** の倍数であることが分かった。

以上（ ⅰ ）（ ⅱ ）より，すべての整数 n に対して $n \cdot (n+1)$ は必ず **2** の倍数になることが示せたんだね。これは，知識として覚えておこう。

(ex6)　次，連続する **3** 整数の積 $n \cdot (n+1) \cdot (n+2)$ が，必ず **6** の倍数となることも証明してみよう。エッ，$n(n+1)(n+2)$ の中に連続する **2** 整数の積 $n \cdot (n+1)$（ または，$(n+1)(n+2)$）が含まれているから，**2** の倍数であることは，スグ分かるって!?…，その通り，いいセンスだね。ということは後は $n(n+1)(n+2)$ が **3** の倍数であることを示せばいいんだね。よって，**3** の倍数であることを示すには，n を **3** で割った余りを基に，$n = 3k$，または $3k+1$，または $3k+2$（k：整数）の **3** 通りに分類して調べればいいんだね。

（ ⅰ ）$n = 3k$ のとき，

$$n \cdot \underset{(3k)}{(n+1)} \cdot \underset{(3k)}{(n+2)} = 3 \cdot \underset{m(\text{整数})}{k(3k+1) \cdot (3k+2)} \quad \text{となるので，}$$

（左辺の n の下に $(3k)$）

　　　$n(n+1)(n+2)$　は，**3** の倍数である。

（ ⅱ ）$n = 3k+1$ のとき，

$$\underset{(3k+1)}{n} \cdot \underset{(3k+1)}{(n+1)} \cdot \underset{(3k+1)}{(n+2)} = (3k+1) \cdot (3k+2) \cdot \underset{3(k+1)}{(3k+3)}$$

$$= 3 \cdot \underset{m(\text{整数})}{(3k+1) \cdot (3k+2) \cdot (k+1)} \quad \text{となるので，}$$

　　　$n(n+1)(n+2)$ は，**3** の倍数となるんだね。

（ ⅲ ）$n = 3k+2$ のとき，

$$\underset{(3k+2)}{n} \cdot \underset{(3k+2)}{(n+1)} \cdot \underset{(3k+2)}{(n+2)} = (3k+2) \cdot \underset{3(k+1)}{(3k+3)} \cdot (3k+4)$$

$$= 3 \cdot \underset{m(\text{整数})}{(3k+2) \cdot (k+1) \cdot (3k+4)} \quad \text{となるので，このときも}$$

　　　$n(n+1)(n+2)$ は，**3** の倍数となるんだね。

以上より，すべての整数 n に対して，$n(n+1)(n+2)$ は，**3** の倍数であることが分かったんだね。これと，$n(n+1)(n+2)$ が **2** の倍数であることを併せて，$n(n+1)(n+2)$ は，**6**$(= 2 \times 3)$ の倍数である

ことが証明できたんだね。面白かった？

では，次の練習問題にもチャレンジしてごらん。

すべての整数 n について，その平方数 n^2 を 3 で割った余りは，0 または 1 のみであることを証明せよ。

これは，当然，n を 3 で割った余りで分類するとうまくいきそうだね。

すべての整数 n は，$n = 3k$ または $n = 3k + 1$，または $n = 3k + 2$（ただし，k：整数）で分類できる。

（ⅰ）$n = 3k$ のとき，

$$n^2 = (3k)^2 = 9 \cdot k^2 = 3 \cdot \underbrace{3k^2}_{m(\text{整数})} + \underbrace{0}_{\text{余り}} \quad \text{より，}$$

n^2 を 3 で割った余りは 0 である。

（ⅱ）$n = 3k + 1$ のとき，

$$n^2 = (3k + 1)^2 = \underbrace{9k^2 + 6k}_{3 \cdot (3k^2 + 2k)} + 1 = 3 \cdot \underbrace{(3k^2 + 2k)}_{m(\text{整数})} + \underbrace{1}_{\text{余り}} \quad \text{より，}$$

n^2 を 3 で割った余りは 1 である。

（ⅲ）$n = 3k + 2$ のとき，

$$n^2 = (3k + 2)^2 = \underbrace{9k^2 + 12k + 4}_{3 \cdot (3k^2 + 4k + 1) + 1} = 3 \cdot \underbrace{(3k^2 + 4k + 1)}_{m(\text{整数})} + \underbrace{1}_{\text{余り}} \quad \text{より，}$$

n^2 を 3 で割った余りは 1 である。

以上（ⅰ）（ⅱ）（ⅲ）より，すべての整数 n の平方数 n^2 を 3 で割った余りは，0 または 1 のみであり，2 になることはないことが示せた。

> ここで，$3k + 2$ は，本質的に $3k - 1$ と同じものなので，（ⅱ）と（ⅲ）を
> たとえば，$8 = 3 \times 2 + 2 = 3 \times 3 - 1$ と表せるからね。
> まとめて，$n = 3k \pm 1$ のときとして，
> $$n^2 = (3k \pm 1)^2 = \underbrace{9k^2 \pm 6k}_{3 \cdot (3k^2 \pm 2k)} + 1 = 3 \cdot \underbrace{(3k^2 \pm 2k)}_{m(\text{整数})} + \underbrace{1}_{\text{余り}} \quad \text{より，}$$
> n^2 を 3 で割った余りは 1 である，といっても構わない。

以上の結果をまとめておこう。

- 連続する 2 整数の積 $n(n+1)$ は，2 の倍数である。
- 連続する 3 整数の積 $n(n+1)(n+2)$ は，6 の倍数である。
- 整数の平方数 n^2 を 3 で割ると，余りは 0 または 1 のみである。
  （ただし，n : 整数）

これらは，様々な整数の応用問題を解く際の基本となるものだから，その証明の仕方と共に，知識としてもシッカリ頭に入れておこう！

● ユークリッドの互除法をマスターしよう！

2 つの整数 $a = 288$ と $b = 108$ の最大公約数 g は，右図のように共通の素因数による割り算を繰り返して，

最大公約数 $g = 2^2 \times 3^2 = 36$ と求めたんだね。

```
  ┌2 ) 288   108
g │2 ) 144    54
  │3 ) 72     27
  └3 ) 24      9
         8      3
```

そして，これは右図のような縦 108，横 288 の床を正方形のタイルで敷き詰めるとき，その正方形のタイルの 1 辺の長さの最大値が最大公約数 $g = 36$ であることも，**P104** で既に教えた。

この図のイメージを基に，除法の性質を使って，$a = 288$ を $b = 108$ で割ると，商 $q = 2$，余り $r = 72$ となる。これを式で表すと次のようになるんだね。

$$288 = \underline{108} \times 2 + \underline{72} \quad \cdots ①$$

$$[\ a\ =\ \underline{b}\ \times q + \underline{r}\ ]$$

すると，図1の下図に示すように，縦 $b = 108$，横 $r = 72$ の床を正方形のタイルで敷き詰めるとき，

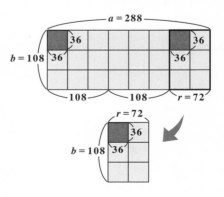

図1　除法と最大公約数

そのタイルの1辺の長さの最大値は36のままで変化していない。つまり，$a = 288$ と $b = 108$ の最大公約数 $g = 36$ は，$b = 108$ と $r = 72$ の最大公約数 $g = 36$ と同じになっている。

ということは，図2(ⅰ)に示すように，b と r をそれぞれ新たに $a' = 108$，$b' = 72$ とおいて，a' を b' で割ると，商 $q' = 1$，余り $r' = 36$ となるんだね。つまり

$$108 = 72 \times 1 + 36 \quad \cdots\cdots ②$$
$$[\, a' = b' \times q' + r' \,]$$

すると，図2(ⅱ)に示すように，タイルを敷き詰めた図から，

図2 除法と最大公約数

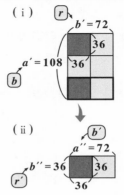

$a' = 108$ と $b' = 72$ の最大公約数 $g = 36$ は，$b' = 72$ と $r' = 36$ の最大公約数 $g = 36$ と同じになる。よって，b' と r' をさらにそれぞれ新たな a''，b'' とおいて，a'' を b'' で割ると割り切れて，

$$72 = \underline{\underline{36}} \times 2 \quad \cdots\cdots\cdots ③ \quad \text{となり，} \underline{g = 36} \text{ が現れるんだね。}$$
$$[\, a'' = b'' \times q'' + \underset{0}{\cancel{r''}} \,]$$

> 最大公約数

以上，$a = 288$ と $b = 108$ の最大公約数を求めるには，①，②，③を並べて次のように表せばいいことになる。

$$288 = \underline{\underline{108}} \times 2 + \underline{72} \quad \cdots\cdots\cdots ① \quad [\, a = \underline{\underline{b}} \times q + \underline{r} \,]$$

$$\underline{\underline{108}} = \underline{72} \times 1 + \underset{\sim}{36} \quad \cdots\cdots\cdots ② \quad [\, \underline{\underline{a'}} = \underline{b'} \times q' + \underset{\sim}{r'} \,]$$

$$\underline{72} = \underset{\sim}{36} \times 2 \quad \cdots\cdots\cdots ③ \quad [\, \underline{a''} = \underset{\sim}{b''} \times q'' + \underline{0} \,]$$

> これが，最大公約数 g になる。

> 余り0，つまり，a'' は b'' で割り切れる。

③より，72は36で割り切れるので，この36が正方形のタイルの1辺の最大値，すなわち a と b の最大公約数になるんだね。

このように，除法の性質を利用して，最大公約数 g を求める手法を "ユークリッドの互除法" という。

それでは，次の練習問題で，もっとユークリッドの互除法を使ってみよう。

場合の数と確率　整数の性質　図形の性質

| 練習問題 32 | ユークリッドの互除法 | CHECK *1* | CHECK *2* | CHECK *3* |

ユークリッドの互除法を用いて，次の 2 つの整数の最大公約数 g を求めよ。

(1) 420 と 924　　　**(2) 2286 と 1116**　　　**(3) 282 と 113**

(1) は，大きい方を a，小さい方を b，すなわち $a=924$，$b=420$ とおいてユークリッドの互除法を用いればいい。他も同様だね。

(1) $a=924$，$b=420$ とおいて，ユークリッドの互除法を用いると

$924 = 420 \times 2 + 84$ ← 924 を 420 で割って，余り 84

$420 = 84 \times 5$ ……① ← 420 を 84 で割って，割り切れた！よって，84 が最大公約数 g だね。

g

よって，①より，$a=924$

と $b=420$ の最大公約数 $g=84$ と求まったんだね。

実は，これは P105 の練習問題 29(2) と同じ問題だ。前回と同じ結果が，ユークリッドの互除法からも導けたんだね。確認してくれ。

(2) $a=2286$，$b=1116$ とおいて，ユークリッドの互除法を用いると

$2286 = 1116 \times 2 + 54$ ← 2286 を 1116 で割って，余り 54

$1116 = 54 \times 20 + 36$ ← 1116 を 54 で割って，余り 36

$54 = 36 \times 1 + 18$ ← 54 を 36 で割って，余り 18

$36 = 18 \times 2$ ……② ← 36 を 18 で割って，割り切れた！よって，18 が最大公約数 g だ！

g

よって，②より，$a=2286$ と $b=1116$ の最大公約数 g は，$g=18$ と求まったんだね。納得いった？

(3) $a = 282$, $b = 113$ とおいて，ユークリッドの互除法を用いると

$$282 = \underline{113} \times 2 + \underline{56}$$

282 を 113 で割って，余り 56

$$\underline{113} = \underline{56} \times 2 + \underline{1}$$

113 を 56 で割って，余り 1

$$\underline{56} = \underset{g}{\underline{1}} \times 56 \quad \cdots\cdots ③$$

56 を 1 で割って，割り切れた！
よって，1 が最大公約数 g だ！

よって，③ より，$a = 282$ と $b = 113$ の最大公約数 g は $\underline{g = 1}$ であることが分かったんだね。

> 最大公約数 $g = 1$ から，$a = 282$ と $b = 113$ は互いに素な整数であることが分かった。このように，ユークリッドの互除法により，2 つの整数が互いに素か，否かも調べることができるんだね。

● 2 元 1 次の不定方程式も解いてみよう！

前回の講義で，x と y の 2 つの未知数であっても，x と y が整数ならば，$A \cdot B = n$ 型の 1 つの方程式でも，その解を求められることを教えたんだね。そして，今回も 2 つの整数の未知数 x と y をもつ "2 元 1 次の不定方程式" の解法について解説しよう。この 2 元 1 次の不定方程式は，具体的には，

$$ax + by = n \quad \cdots\cdots (*)$$

たとえば，$2x + 3y = 5$ のような方程式だね。

(a, b, n：整数，また，a と b は互いに素であるとする。)
の形で表せるので，ここでは，"$ax + by = n$ 型" の整数の方程式と呼ぶことにしよう。

それでは，この "$ax + by = n$ 型" の方程式の中でも，最も易しい $n = 0$ の場合の方程式の解法について，解説しよう。

この場合の解法のポイントは次の通りだ。

> 互いに素な整数 α, β と，2 つの整数 x, y について，
> $\alpha x = \beta y \quad \cdots\cdots (*)$ が成り立つとき，
> x は β の倍数であり，かつ y は α の倍数である。

意味がピンとこないって !? いいよ，具体例を示そう。

$(ex7)$ $2x - 3y = 0$ ····(a) $(x, y : 整数)$ が与えられたとしよう。

もし, x と y が整数の条件がなければ, (a)は, $y = \dfrac{2}{3}x$ ····(a)′ と変形できる。この(a)′ は右図に示すように, xy 座標平面上の原点を通る傾き $\dfrac{2}{3}$ の直線のことなので, (a)の解は, この直線上に存在する無数の点の座標で表されることになる。

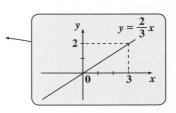

しかし, 今回は, x と y が共に整数であるという条件が付いているので, これから(a)を解くことができるんだね。

(a)を変形すると, [$\alpha x = \beta y$ の形だね。]

$2x = 3y$ ····(a)″ になる。(a)″ を基に考えてみよう。

・まず, (a)″ の右辺 $3 \cdot y$ [整数] は 3 の倍数より, 当然左辺の $2x$ も 3 の倍 [3 とは, 互いに素]

数でなければならない。でも, $2x$ の係数 2 は, 3 と互いに素なの [これが 3 の倍数になる]

で, 2 は 3 の倍数になり得ない。

∴ x が 3 の倍数にならなければならない。

・次に, (a)″ の左辺 $2x$ [整数] は 2 の倍数より, 当然右辺の $3y$ も 2 の倍

数でなければならないね。でも, $3y$ の係数 3 は, 2 とは互いに素なので, 3 は 2 の倍数にはなり得ない。

∴ y が 2 の倍数になるんだね。

以上より, $2x = 3y$ ····(a)″ より, x は 3 の倍数であり, y は 2 の倍数であることが導ける。

[$\alpha x = \beta y$ (α と β は互いに素) より, x は β の倍数, y は α の倍数となる。]

よって, x は 3 の倍数より, 整数 n を用いて,

$x = 3n$ ···(b)

とおける。そして(b)を

$\underset{\boxed{3n}}{2x} = 3y$ ···(a)″ に

代入して、

$2 \times 3n = 3y$ より

$y = 2n$ ···(c) も

導ける。以上より、

$\underset{\boxed{ax + by = 0 \, \text{型}}}{2x - 3y = 0}$ ···(a)

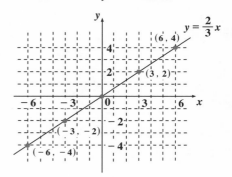

図3 $2x - 3y = 0$ の整数解

の解は、(b)、(c)より、$(x , y) = (3n , 2n)$(n：整数)であることが分かったんだね。これは、$n = \cdots$、-2、-1、0、1、2、$\cdots$ と実際に値を代入してみると、

$(x , y) = \cdots, \underset{\boxed{n = -2}}{(-6 , -4)}, \underset{\boxed{n = -1}}{(-3 , -2)}, \underset{\boxed{n = 0}}{(0 , 0)}, \underset{\boxed{n = 1}}{(3 , 2)}, \underset{\boxed{n = 2}}{(6 , 4)}, \cdots$

となって、この場合にも、整数解の組は無数に存在するんだけれど、これから、図3に示すように直線 $y = \dfrac{2}{3}x$ 上の格子点の座標になっていることが分かるはずだ。

> x座標もy座標も共に整数である点のこと。

では、$ax + by = 0$ 型の整数問題をもっと解いて慣れよう。

練習問題 33 $ax + by = 0$ 型の整数問題 CHECK **1** CHECK **2** CHECK **3**

x , y が共に整数のとき、次の2元1次不定方程式を解け。

(1) $3x + 5y = 0$ ······① (2) $7x + 8y = 0$ ······②

$\alpha x = \beta y$(α と β は互いに素)の形にして、x は β の倍数、y は α の倍数となることから、整数解の組が求まるんだね。

(1) $3x + 5y = 0$ ···① (x , y：整数)を変形して、

$\underset{\boxed{\text{互いに素}}}{3x = 5} \cdot (-y)$ ···③

118

ここで、**3** と **5** は互いに素より、③から
x は **5** の倍数になる。

$\alpha x = \beta y$ (α と β は互いに素)
より、x は β の倍数、y は α の
倍数となる。

∴ **$x = 5n$** ⋯④ (**n** : 整数)

④を③に代入して、

$3 \cdot 5n = -5 \cdot y$ ∴ **$y = -3n$** ⋯⑤ となる。

以上④、⑤より、①をみたす整数 x と y の解は、

$(x, y) = (5n, -3n)$ (**n** : 整数) となるんだね。

具体的には、$(x, y) = \cdots,\ (-5, 3),\ (0, 0),\ (5, -3),\ (10, -6),\ \cdots$ のこと

$n = -1$　　$n = 0$　　$n = 1$　　$n = 2$ のとき

(2) **$7x + 8y = 0$** ⋯② (**$x,\ y$** : 整数) を変形して、

　　　$7x = 8 \cdot (-y)$ ⋯⑥

　　互いに素

ここで、**7** と **8** は互いに素より、⑥から x は **8** の倍数になる。

∴ **$x = 8n$** ⋯⑦ (**n** : 整数)

⑦を⑥に代入して、

$7 \cdot 8n = -8 \cdot y$ ∴ **$y = -7n$** ⋯⑧ となる。

以上⑦、⑧より、②をみたす整数 x と y の解は、

$(x, y) = (8n, -7n)$ (**n** : 整数) となるんだね。

具体的には、$(x, y) = \cdots,\ (-8, 7),\ (0, 0),\ (8, -7),\ (16, -14),\ \cdots$ のこと

$n = -1$　　$n = 0$　　$n = 1$　　$n = 2$ のとき

これで、**$ax + by = 0$** 型の整数の方程式の解法にも慣れたと思う。

では次、**$ax + by = n$** 型 (**$n \neq 0$**) の整数の方程式についても、その解き
方をこれから詳しく解説しよう。

先程の例題 (**$ex7$**)(**P117**) の方程式：

$2x - 3y = 0$ ⋯(a) の応用ヴァージョンとして、方程式

$2x - 3y = 3$ ⋯(a)''' について、その解法を具体的に示そう。

$2x - 3y = 3$ …(a)''' $(x, y : 整数)$ を解くには，まず，(a)'''をみたす
整数 (x, y) の組を1組見つけ出すことだ。この場合 $x = 3, y = 1$ がそうだね。
これを(a)'''に代入しても，$2 \cdot 3 - 3 \cdot 1 = 3$ …(b) となって成り立つからだ。
後は，簡単だ。(a)''' − (b)を行って，右辺を 0 にしよう。

$$\underbrace{2x - 2 \cdot 3}_{\boxed{2(x-3)}} \underbrace{-3y + 3 \cdot 1}_{\boxed{-3(y-1)}} = \underbrace{3-3}_{\boxed{0}}$$ 　　　これをまとめると，

$2(x-3) - 3(y-1) = 0$ 　より，

$\underbrace{2(x-3)}_{\boxed{互いに素}} = 3(y-1)$ 　…(c)

> $x - 3 = x', y - 1 = y'$ とおくと，
> x' も y' も整数で，
> $\alpha x' = \beta y'$（α と β は互いに素）
> より，x' は β の倍数に，かつ
> y' は α の倍数となるんだね。

ここで，$x-3$，$y-1$ は共に整数で，
また，2 と 3 は互いに素より $x-3$
は，3 の倍数でなければならない。よって，整数 n を用いて，

$x - 3 = 3n$ 　…(d) 　より，

$x = 3n + 3$ 　…(d)′ $(n : 整数)$ となる。

(d)を(c)に代入して，

$2 \cdot 3n = 3(y-1)$ 　　$y - 1 = 2n$

$\therefore y = 2n + 1$ 　…(e) $(n : 整数)$ となる。

以上(d)′と(e)より，(a)''' の整数解 (x, y) の値の組は

$(x, y) = (3n + 3, 2n + 1)$ $(n : 整数)$ となるんだね。

> 具体的には，
> $(x, y) = \cdots, \underbrace{(0, -1)}_{\boxed{n = -1}}, \underbrace{(3, 1)}_{\boxed{n = 0}}, \underbrace{(6, 3)}_{\boxed{n = 1}}, \underbrace{(9, 5)}_{\boxed{n = 2 \text{ のとき}}}, \cdots$ のこと

それでは，次の練習問題で，さらに練習しておこう。

練習問題 34 　$ax + by = n$ 型の整数問題 　CHECK 1　CHECK 2　CHECK 3

x, y が共に整数のとき，次の 2 元 1 次不定方程式を解け。

(1) $3x + 5y = 1$ 　……① 　　　　**(2)** $7x + 8y = 5$ 　……②

---

(1) の 1 組の解として，$(x, y) = (2, -1)$ が，また **(2)** では，$(x, y) = (3, -2)$
が思いつくはずだ。これを基に解いていくんだね。

(1) $3x + 5y = 1$ $\cdots$① $(x, y:$整数$)$

①をみたす (x, y) として, $(x, y) = (\underline{2}, \underline{-1})$ がある。これを①に代入
して, $3 \cdot 2 + 5 \cdot (-1) = 1$ $\cdots$③ となる。

①－③より

$3(x-2) + 5(y+1) = 0$ よって, $\underbrace{3(x-2)}_{} = \underbrace{5(-y-1)}_{}$ $\cdots$④

$\overbrace{3(x-2)}^{5\text{の倍数}} = \overbrace{5(-y-1)}^{3\text{の倍数}}$

$\underbrace{}_{\text{互いに素}}$

ここで, $x-2$, $-y-1$ は共に整数で, また 3 と 5 は互いに素より,
$x-2$ は, 5 の倍数でなければならない。よって, 整数 n を用いて,
$x-2 = 5n$ $\cdots$⑤ より, $x = 5n + 2$ $\cdots$⑤′ となる。
次に, ⑤を④に代入して,
$3 \cdot \cancel{5}n = -\cancel{5}(y+1)$ $-(y+1) = 3n$ より,
$y = -3n - 1$ $\cdots$⑥ となる。
以上⑤′, ⑥より, ①の整数解の組は,
$(x, y) = (5n+2, -3n-1)$ $(n:$整数$)$ となるんだね。

(2) $7x + 8y = 5$ $\cdots$② $(x, y:$整数$)$

②をみたす (x, y) として, $(x, y) = (3, -2)$ がある。これを②に代入
して, $7 \cdot 3 + 8 \cdot (-2) = 5$ $\cdots$⑦ となる。

②－⑦より

$7(x-3) + 8(y+2) = 0$ よって, $\overbrace{7(x-3)}^{8\text{の倍数}} = \overbrace{8(-y-2)}^{7\text{の倍数}}$ $\cdots$⑧

$\underbrace{}_{\text{互いに素}}$

ここで, x, y は共に整数で, また, 7 と 8 は互いに素より,
$x-3$ は, 8 の倍数でなければならない。よって, 整数 n を用いて,
$x-3 = 8n$ $\cdots$⑨ より, $x = 8n + 3$ $\cdots$⑨′ となる。
次に, ⑨を⑧に代入して,
$7 \cdot \cancel{8}n = -\cancel{8}(y+2)$ $-(y+2) = 7n$ より,
$y = -7n - 2$ $\cdots$⑩ となる。
以上⑨′, ⑩より, ②の整数解の組は,
$(x, y) = (8n+3, -7n-2)$ $(n:$整数$)$ となるんだね。

どう? これで, $ax + by = n$ 型の整数の方程式の解法についても, 自信が
もてるようになったはずだ。

● $ax + by = n$ 型の応用問題にもチャレンジしよう！

それでは次，$ax + by = n$ 型の方程式の応用問題についても解説しておこう。これも，例題を使うことにしよう。2 つの整数 x と y を未知数とする次の 2 元 1 次不定方程式を解いてみよう。

$282x + 113y = \underset{\sim}{1}$　……①

$[\underset{}{a}\ x + \underset{}{b}\ y = \underset{\sim}{n}]$

これは，右辺 $= \underset{\sim}{1}$ で，0 ではないから，既に教えたように，①をみたす (x, y) の値の組を 1 組だけ見つければいいんだね。でも，x と y の係数である a，b の値が，282 と 113 と，かなり大きな値なので，これを見つけるのが大変なんだね。従って，これが，$ax + by = n$ 型の方程式の応用問題ということになるんだね。この応用問題の特徴は，次の通りだ。

$\begin{cases}(\,\text{i}\,)\ \text{右辺の}\ n = \underset{\sim}{1}\ \text{であり，} \\ (\,\text{ii}\,)\ \text{左辺の}\ a\ \text{と}\ b\ \text{は，互いに素な整数である。}\end{cases}$

つまり，$a\underline{x} + b\underline{y} = \underline{1}$ の形であれば，係数 a，b が①のようにかなり大きな

（ i ）互いに素 （ ii ）右辺は 1

値であっても，解くことができる。この解法の決めてが何なのか分かる？…，そう，ユークリッドの互除法なんだね。①の例で，$a = 282$ と $b = 113$ が，互いに素であれば，その最大公約数 g は $g = 1$ となる。これが，ポイントなんだ。

実は，$a = 282$ と $b = 113$ の最大公約数 $g = 1$ となることは練習問題 32(3)(P116) で既に示している。これをもう 1 度，ここで書いておくと，

$282 = 113 \times 2 + 56$　…②　← 282 を 113 で割って，余り 56

$113 = 56 \times 2 + 1$　………③　← 113 を 56 で割って，余り 1

$56 = 1 \times 56$

56 を 1 で割って，割り切れた！
よって，1 が最大公約数 g だ！

g

となるんだったね。思い出せた？ここでは，上の 2 式②と③を利用すれば，①をみたす 1 組の解 (x, y) を求めることができるんだ。

エッ，何のことかよく分からんって!?　いいよ。②，③を次のように変形すれば，話が見えてくるはずだ。

$$\begin{cases} ②より，\underline{282 - 2 \times 113 = 56} & \cdots② ' \\ ③より，113 - 2 \times \underline{56} = \underline{1} & \cdots\cdots③ ' \end{cases}$$

これが，①の右辺の 1 になる。

ここで，②′と③′から 56 を消去すると，

$$113 - 2\overbrace{(282 - 2 \times 113)}^{} = 1$$

56

すると，この左辺は，282 と 113 で，次のようにまとめることができる。

$$113 - 2 \times 282 + 4 \times 113 = 1$$

$$282 \times \underset{x}{(-2)} + 113 \times \underset{y}{5} = 1 \quad \cdots④$$

どう？④と①を比較すると，①の x に -2 が，y に 5 が代入されていることが分かるね。これから，①をみたす 1 組の解が，

$(x, y) = (-2, 5)$ ということが分かったんだね。面白いだろう？

ここまでくれば，①と④をもう 1 度並べて，

$$\begin{cases} 282x + 113y = 1 & \cdots\cdots\cdots\cdots① \\ 282 \times (-2) + 113 \times 5 = 1 & \cdots④ \end{cases} \quad となる。$$

①$-$④より，$282(x + 2) + 113(y - 5) = 0$

よって，$282\underbrace{(x + 2)}_{\text{113 の倍数}} = 113\underbrace{(-y + 5)}_{\text{282 の倍数}} \quad \cdots⑤ \quad となる。$

ここで，$x + 2$ と $-y + 5$ は共に整数であり，かつ 282 と 113 は互いに素より，$x + 2$ は，113 の倍数になる。よって，整数 n を用いて，

$x + 2 = 113n \quad \cdots⑥ \quad \therefore x = 113n - 2 \quad \cdots⑥ ' \quad (n：整数)$

となる。⑥を⑤に代入して，

$$282 \times \cancel{113}n = -\cancel{113}(y - 5) \qquad 282n = -y + 5$$

$\therefore y = -282n + 5 \quad \cdots⑦ \quad となる。$

以上⑥′，⑦より，①の不定方程式の整数解は，

$(x, y) = (113n - 2, -282n + 5) \quad (n：整数)$ となって，答えだ！

それでは，もう1題，次の練習問題で，$ax + by = n$ 型の応用問題を解いてみよう。

x, y が共に整数のとき，次の2元1次不定方程式を解け。

$164x + 47y = 1$　……①

まず，$a = 164$，$b = 47$ とおいて，ユークリッドの互除法により，a と b の最大公約数 $g = 1$ を確認し，a と b が互いに素であることを確かめるんだね。そして，さらに，このユークリッドの互除法の式をうまく変形して，①をみたす1組の解 (x, y) を求めればいいんだね。頑張ろう！

方程式：$164x + 47y = 1$　…①　　（x, y：整数）　について，
　　　　　a　　b　　右辺は 1

互いに素である
ことを確かめる。

$a = 164$ と $b = 47$ とおいて，ユークリッドの互除法を用いて，a と b の最大公約数 g を求めると，

$164 = 47 \times 3 + 23$　…②　　←　164 を 47 で割って，余り 23

$47 = 23 \times 2 + 1$　………③　　←　47 を 23 で割って，余り 1

$23 = 1 \times 23$　　　　　23 を 1 で割って，割り切れた！
　　　　　　　　　　　　　よって，1 が最大公約数 g だ！

これが g より，
a と b は互いに素だね。

より，最大公約数 $g = 1$ となる。よって，a と b は互いに素であることが分かった。次に，

$\begin{cases} ②より，\ 164 - 3 \times 47 = 23 \ \ …②' \\ ③より，\ 47 - 2 \times 23 = 1 \ \ \ ……③' \end{cases}$

ここで，②′，③′ より 23 を消去して，まとめると，

124

$$47 - 2\underbrace{(164 - 3 \times 47)}_{23} = 1$$

この左辺を
$164 \times ○ + 47 \times △$ の形にする。

$$164 \times (-2) + 47 \times 7 = 1 \quad \cdots\cdots ④ \quad となる。$$

これは，①の x に -2 を，y に 7 を代入した形の式だ。
これから，①の 1 組の解 (x, y) が，$(x, y) = (-2, 7)$ であることが分かったんだね。

①と④を併記すると，

$$164x + 47y = 1 \quad \cdots\cdots\cdots\cdots ①$$
$$164 \cdot (-2) + 47 \cdot 7 = 1 \quad \cdots\cdots ④ \quad となる。$$

①－④より，

$$164(x + 2) + 47(y - 7) = 0$$

よって，$164 \cdot \underbrace{(x + 2)}_{47 の倍数} = 47\underbrace{(-y + 7)}_{164 の倍数} \quad \cdots\cdots ⑤ \quad となる。$

ここで，$x + 2$ と $-y + 7$ は共に整数であり，かつ 164 と 47 は互いに素より，$x + 2$ は 47 の倍数になる。よって，整数 n を用いて，

$$x + 2 = 47n \quad \cdots ⑥ \quad \therefore x = 47n - 2 \quad \cdots ⑥' \quad (n：整数)$$

となる。⑥を⑤に代入して，

$$164 \cdot 47n = -47(y - 7) \quad 164n = -y + 7$$

$$\therefore y = -164n + 7 \quad \cdots ⑦ \quad となる。$$

以上⑥'，⑦より，①の不定方程式の整数解は，

$$(x, y) = (47n - 2, -164n + 7) \quad (n：整数) \quad となるんだね。納得いった？$$

具体的には，$\cdots\cdots$，$(-49, 171), (-2, 7), (45, -157), (92, -321),$ $\cdots\cdots$ のこと

$n = -1$ のとき　$n = 0$ のとき　$n = 1$ のとき　$n = 2$ のとき

では次，$ax + by = n$ 型の応用問題で，a と b は互いに素な整数だけれど，n が 1 以外の整数である場合についても解説しておこう。ン？難しそうだって？確かに，2 元 1 次不定方程式の最終段階に入るわけだからね。でも，これで，このタイプの問題はすべて解けるようになるわけだから，元気を出して，頑張ろう！　どうせ，分かりやすく解説するから，心配は不要だよ。

右辺 = 4 （1 でない）の次の 2 元 1 次不定方程式：

$13x - 25y = 4$ ……① （x, y は共に整数）の整数解を求めてみよう。

この①をみたす整数 (x, y) の組は，$(x, y) = (8, 4)$ より

$13 \cdot 8 - 25 \cdot 4 = 4$ ……② となるね。

ン？①の 1 組の解が $(x, y) = (8, 4)$ となるって言われたって，そんなのすぐには思いつかないって !?

そうだね。種明かしをしておこう。

右辺が 4 である①の解は求めづらくても，右辺が <u>1</u> の次の

$13x - 25y = \underline{1}$ ……①′

の 1 組の解ならば，すぐに分かるだろう？……，そうだね。

$(x, y) = (2, 1)$ であれば

$13 \cdot \underset{\sim}{2} - 25 \cdot \underline{1} = \underline{1}$ ……②′ となって，①′ をみたすからね。

であれば，②′ の両辺を 4 倍して，

$13 \cdot \underset{\sim}{8} - 25 \cdot \underline{4} = \underline{4}$ ……② とすれば，これから

$\boxed{4 \cdot (13 \cdot 2 - 25 \cdot 1) = 4}$

$(x, y) = \big(\underline{8}, \underline{4}\big)$ が，①の方程式をみたす 1 組の整数解であることが分かるんだね。

後は，① − ②を実行すれば

$13(x - 8) - 25(y - 4) = 0$ より

$13\underbrace{(x - 8)}_{\boxed{25n}} = 25\underbrace{(y - 4)}_{\boxed{13n \, (n : 整数)}}$ ……③

x と y は共に整数で，13 と 25 は互いに素より，整数 n を用いて，

$x - 8 = 25n$ ……④ より，$x = 25n + 8$ ……④′ となる。

④を③に代入して，

$13 \cdot \cancel{25}n = \cancel{25}(y - 4)$ より，$y = 13n + 4$ ……⑤ となる。

以上④′，⑤より，①の整数解の組は，

$(x, y) = (25n + 8, \ 13n + 4)$ （n：整数）となるんだね。

$\boxed{\text{具体的には，}……, \ (-17, -9), \ (8, 4), \ (33, 17), \ (58, 30), ……}$

$\boxed{n = -1 \text{のとき}}$ $\boxed{n = 0 \text{のとき}}$ $\boxed{n = 1 \text{のとき}}$ $\boxed{n = 2 \text{のとき}}$

126

それでは次の 2 元 1 次不定方程式：

$164x + 47y = -3$ ……① （x, y は共に整数）の整数解を求めてみよう。

……，もう気付いた？そうだね，この①は，練習問題 **35(P124)** の 2 元
1 次不定方程式：$164x + 47y = 1$ ……①′ の右辺が -3 になっているだけ
なんだね。

よって，ユークリッドの互除法を用いると，

$164 \cdot (-2) + 47 \cdot 7 = 1$ ……②′

となるので，②′ の両辺に -3 をかけて

$164 \cdot 6 + 47 \cdot (-21) = -3$ ……②

となる。つまり，$(x, y) = (6, -21)$ が，
①の 1 組の整数解となるんだね。

> ユークリッドの互除法
> $\begin{cases} 164 = 47 \times 3 + 23 & \cdots\cdots(a) \\ 47 = 23 \times 2 + 1 & \cdots\cdots(b) \\ 23 = 1 \times 23 \end{cases}$
>
> 最大公約数 g
>
> $(a), (b)$ より
>
> $47 - 2 \cdot 23 = 1$
>
> $47 - 2 \cdot (164 - 3 \cdot 47) = 1$
>
> $164 \cdot (-2) + 47 \cdot 7 = 1$

よって，①－②を実行すると，

$164 \cdot (x - 6) + 47(y + 21) = 0$

$\underbrace{164(x - 6)}_{47n} = \underbrace{47(-y - 21)}_{164n(n \text{ 定数})}$ ……③

x と y は共に整数で，**164** と **47** は互いに素より，整数 n を用いて，

$x - 6 = 47n$ ……④ より，$x = 47n + 6$ ……④′

④を③に代入して，

$164 \cdot \cancel{47}n = \cancel{47} \cdot (-y - 21)$ ，$164n = -y - 21$

∴ $y = -164n - 21$ ……⑤ となる。

以上④′，⑤より，①の整数解の組は，

$(x, y) = (47n + 6, -164n - 21)$ （n：整数）となるんだね。

このように，a と b が大きな互いに素な整数で，右辺の n が $n \neq 1$ のと
きの 2 元 1 次不定方程式：$ax + by = n$ の場合でも，まず $ax + by = 1$ をみ
たす，1 組の整数解 (x_1, y_1) をユークリッドの互除法で求め，これらに n
をかけた (nx_1, ny_1) が，$ax + by = n$ の 1 組の整数解になることを知って
おけばいいんだね。

x, y が共に整数のとき，次の2元1次不定方程式を解け。

$136x - 37y = 3$ ……①

まず，$136x - 37y = 1$ ……①´の1組の整数解 (x_1, y_1) を，ユークリッドの互除法により求めて，①に代入して $136 \cdot x_1 - 37 \cdot y_1 = 1$ とし，この両辺に3をかけて，$136 \cdot 3x_1 - 37 \cdot 3y_1 = 3$ となるので，$(3x_1, 3y_1)$ が①の1組の整数解になるんだね。頑張って，①の一般解を求めよう！

まず，方程式：$\underset{\underset{a}{\smile}}{136x} - \underset{\underset{b}{\smile}}{37y} = \underline{1}$ ……①´ (x, y は共に整数) について，

①の右辺 = 1 としたもの

考える。互いに素であることを確かめる

$a = 136$，$b = 37$ とおいて，ユークリッドの互除法を用いて，a と b の最大公約数 g を求めると，

$136 = 37 \times 3 + 25$ ……②

$37 = 25 \times 1 + 12$ ……③

$25 = 12 \times 2 + 1$ ……④

$12 = 1 \times 12$ となる。

これが g なので，a と b は互いに素

よって，$g = 1$ となるので，$a = 136$ と $b = 37$ は互いに素である。
②，③，④より

$\begin{cases} 136 - 3 \cdot 37 = 25 & ……②´ \\ 37 - 25 = 12 & ……③´ \\ 25 - 2 \cdot 12 = 1 & ……④´ \end{cases}$ より

③´を④´に代入して，$25 - 2 \cdot (37 - 25) = 1$

$25 - 2 \cdot 37 + 2 \cdot 25 = 1$ より，$3 \cdot 25 - 2 \cdot 37 = 1$ …………⑤

②´を⑤に代入して，

$3 \cdot (136 - 3 \cdot 37) - 2 \cdot 37 = 1$

よって，$136 \cdot 3 - 37 \cdot 11 = 1$　……⑥

これから，①´の1組の整数解が $(x, y) = (3, 11)$ と分かる。
よって，⑥の両辺を3倍して，①の1組の整数解を求めよう。

⑥の両辺に 3 をかけて，

$136 \cdot 9 - 37 \cdot 33 = 3$　……⑦

となる。⑦から，①の1組の整数解が，

$(x, y) = (9, 33)$ と分かる。①と⑦を並べて書くと，

$$\begin{cases} 136 \cdot x - 37 \cdot y = 3 & ……① \\ 136 \cdot 9 - 37 \cdot 33 = 3 & ……⑦ \end{cases}$$ となる。よって，

①－⑦より，　$136(x - 9) - 37(y - 33) = 0$

$136\underset{\underset{\boxed{37n}}{=\!=}}{(x - 9)} = 37 \cdot \underset{\underset{\boxed{136n\,(n：整数)}}{=\!=}}{(y - 33)}$　……⑧　となる。

ここで，x と y は共に整数で，136 と 37 は互いに素より，整数 n を用いると

$x - 9 = 37n$　……⑨　より，　$x = 37n + 9$　……⑨´となる。

⑨を⑧に代入して，

$136 \cdot \cancel{37}n = \cancel{37} \cdot (y - 33)$　　$y - 33 = 136n$

$\therefore y = 136n + 33$　……⑩　となる。

以上⑨´，⑩より，①の整数解の組は，

$(x, y) = (37n + 9, 136n + 33)$　$(n：整数)$ となる。

ン？これで，2元1次不定方程式についても自信がもてるようになったって？いいね。その調子だ！

以上で，今日の講義は終了です。かなり盛りだく山な内容だったから，消化不良を起こさないように，シッカリ復習しておこう！

　次回で，整数の性質も最後だけれど，また分かりやすく教えるつもりだ。

　では，また会おう。みんな元気でな…。

最後の一歩まで全力でいけ！

9th day　n 進法と合同式

　おはよう！みんな元気か？ "整数の性質" の講義も今日で最終回になる。最後のテーマは，"n 進法" と "合同式" だよ。

　たとえば，**110** という数をボク達は，自然に「ひゃくじゅう」と読んで，それから百円玉と十円玉を連想したりするかも知れないね。でも，この裏には "**10 進法**" という数字の表し方，つまり**記数法**が隠れているんだ。だから同じ **110** でも，"**2 進法**" や "**5 進法**" など…，別の記数法で表されているものとすると，まったく別の数値を表すことになるんだね。ここではまず，この n 進法のカラクリについて，詳しく教えよう。

　前回の講義の除法の性質 (**P108**) のところでは，ある数で割った余りを使って，整数全体を分類する手法について解説した。実は，これをさらに洗練させたものが "**合同式**" と呼ばれるものなんだ。この合同式までマスターすると，整数問題を解く見通しがさらに広がるんだね。

　では，最後までできるだけ分かりやすく教えるから，シッカリマスターしてくれ！じゃ，早速講義を始めよう。

● 自然数を 10 進法以外で表示しよう！

　数を数えるとき，ボク達は，普通次のように自然数を並べて書く。

$$\underbrace{1,\ 2,\ 3,\ \cdots,\ 9,}_{1\text{桁}}\ \underbrace{10,\ 11,\ 12,\ \cdots,\ 20,\ \cdots,\ 99,}_{2\text{桁}}\ \underbrace{100,\ 101,\ 102,\ \cdots}_{3\text{桁}}$$

でも，これは，実は "**10 進法**" の考え方を基に数を記述していることになる。この 10 進法のおかげで，実は 10 以上のどんな大きな数でも，**0，1，2，3，4，5，6，7，8，9** の 10 個の数字 (記号) のみで表すことができるんだね。もし，この 10 進法がなかったとしたら，上記と同様のことを表すのに，たとえば，

$$1,\ 2,\ 3,\ \cdots,\ 9,\ \underset{(10)}{\bigcirc},\ \underset{(11)}{\oslash},\ \underset{(12)}{\otimes},\ \cdots,\ \underset{(20)}{\circledcirc},\ \cdots,\ \underset{(99)}{\oslash},\ \underset{(100)}{\square},\ \underset{(101)}{\boxslash},\ \underset{(102)}{\boxtimes},\ \cdots$$

のように，10 以上の数に対して何か新たな記号 (○，⊘，⊗，…など) を割り当てていかなければならない。

130

こんなもの覚えられるはずもないので，ハッキリ言って「やってられない！」状態になるんだね。

　これに対して "**10 進法**" では **1** から数えて **10** 番目の数に対して，**1** 桁だけ桁上がりして **10** で表し，以降 **11**，**12**，…，と同様に表現しているんだね。このようにすることにより，どんな大きな自然数も，**0** から **9** までの **10** 個の数の記号のみで表現できるわけだ。従って，**10** 進法で **110** と表すと，これは，

$$110 = 1 \times 100 + 1 \times 10 + 0 \times 1$$
$$= \underline{1 \times 10^2} + \underline{1 \times 10} + 0 \times \boxed{1} \quad \cdots ① を意味するんだね。$$

10^0 のこと

「1 百」　「1 十」　「0」のこと

では，何故ボク達は "**10 進法**" を採用したのだろうか？・・・そうだね，それはボク達の両手の指の数がそれぞれ **5** 本ずつ，つまり計 **10** 本の指でものの数を数え上げることに慣れていたからだろうね。だから，左右の手に **3** 本ずつ，計 **6** 本の指しかもたない宇宙人や妖怪人間がいたとするならば，おそらく **6** 進法を採用することになったと思う。また，現代社会に欠かせないコンピュータの場合，使われる記号は，基本的にオンとオフの **2** 種類しかないので，これに **1** と **0** を割り当てて "**2 進法**" で数を表現することが理にかなっているんだね。

　したがって，同じ **110** という数でも，**10** 進法，**6** 進法，**2** 進法，…などではまったく異なる数を表すことになる。これから，n 進法で **110** を表す場合には $110_{(n)}$ と表すことにしよう。よって，①の **10** 進法の **110** は $110_{(10)}$ と表すことになる。では $\underline{110_{(6)}}$ や $\underline{110_{(2)}}$ は **10** 進法のどのような

6 進法による 110　2 進法による 110

数に対応するのだろうか？興味がわいてきただろうね。早速調べてみよう。
$110_{(6)}$ の場合，①と同様に表すと

6^0 のこと

$$110_{(6)} = \underline{1 \times 6^2 + 1 \times 6 + 0 \times \boxed{1}} = 36 + 6 + 0 = 42_{(10)} \; となり，$$

これ以降は 10 進法による表記になる

10 進法の **42** と等しいんだね。**6** 進法では，同じ **110** でも①の 10^2，**10**，**1** の代わりにそれぞれ 6^2，**6**，**1** が代入されていることに注意しよう！

$110_{(2)}$ の場合は，①の 10^2，10，1 の代わりに 2^2，2，1 が代入されるだけだから，

10 進法の 6 のこと

$110_{(2)} = 1 \times 2^2 + 1 \times 2 + 0 \times 1 = 4 + 2 + 0 = 6_{(10)}$ となるんだね。

2 進法では，0 と 1 の 2 つの記号のみで数を表すが，6 進法では 0，1，2，3，4，5 の 6 つの記号のみで，あらゆる数を表すことになるんだね。つまり，10 進法の $6_{(10)}$ は，6 進法では桁上がりして $10_{(6)}$ を表すことになる。$10_{(6)} = 1 \times 6^1 + 0 \times 1 = 6_{(10)}$ とうまく表せるからなんだね。では，次の練習問題で，n 進法で表された数を 10 進法での数値に書き換えてみよう！

練習問題 37	n 進法→ 10 進法	CHECK 1	CHECK 2	CHECK 3

次のそれぞれの数を 10 進法で表してみよう。

(1)$11011_{(2)}$　　　　　　　　(2)$21102_{(3)}$

(3)$4132_{(5)}$　　　　　　　　(4)$1752_{(8)}$

(1) は 2 進法なので 0，1 のみで，(2) は 3 進法なので 0，1，2 のみで，(3) は 5 進法なので 0，1，2，3，4 のみで，そして (4) は 8 進法なので 0，1，2，3，4，5，6，7 のみで表されることになるんだね。

(1) 2 進法の数 $11011_{(2)}$ を 10 進法で表すと，

$$11011_{(2)} = \underline{1 \times 2^4 + 1 \times 2^3 + 0 \times 2^2 + 1 \times 2 + 1 \times 1} \cdots ①$$
$$= 16 + 8 + 0 + 2 + 1 = 27_{(10)} \text{ となる。}$$

10 進法の $11011_{(10)} = 1 \times 10^4 + 1 \times 10^3 + 0 \times 10^2 + 1 \times 10 + 1 \times 1$ の 10^4，10^3，10^2，10，1 の代わりに 2^4，2^3，2^2，2，1 がきてるだけだね。

(2) 3 進法の数 $21102_{(3)}$ を 10 進法で表すと，

$$21102_{(3)} = 2 \times \underset{81}{3^4} + 1 \times \underset{27}{3^3} + 1 \times \underset{9}{3^2} + 0 \times 3 + 2 \times 1$$

$$= 162 + 27 + 9 + 2 = 200_{(10)} \text{ となる。}$$

(3) 5 進法の数 $4132_{(5)}$ を 10 進法で表すと，

$$4132_{(5)} = 4 \times \underset{125}{5^3} + 1 \times \underset{25}{5^2} + 3 \times 5 + 2 \times 1$$

$$= 500 + 25 + 15 + 2 = 542_{(10)} \text{ となるんだね。}$$

(4) 8 進法の数 $1752_{(8)}$ を **10** 進法で表すと，

$$1752_{(8)} = 1 \times 8^3 + 7 \times 8^2 + 5 \times 8 + 2 \times 1$$

$$\underbrace{512} \qquad \underbrace{64}$$

$$= 512 + 448 + 40 + 2 = 1002_{(10)} \quad \text{となるんだね。大丈夫？}$$

では次，逆の操作，すなわち **10** 進法で表示された数を各 **n** 進法で表示された数に変形する操作についても解説しよう。

(1) まず，**10** 進法の **27** を，**2** 進数の $11011_{(2)}$ に変形する方法を教えよう。

①の右辺を変形すると，次のようになるのはいいね。

$$\underbrace{11011}_{\substack{(\text{v})(\text{iii})(\text{i})\\(\text{iv})(\text{ii})}}{}_{(2)} = \underline{1 \cdot 2^4 + 1 \cdot 2^3 + 0 \cdot 2^2 + 1 \cdot 2 + 1}$$

$$= \underline{(1 \cdot 2^3 + 1 \cdot 2^2 + 0 \cdot 2 + 1)} \cdot 2 + 1$$

$$\underbrace{13 \cdot 2} \qquad \qquad \boxed{(\text{i}) 27 \text{ を } 2 \text{ で割った余り}}$$

$$= \underline{\{(1 \cdot 2^2 + 1 \cdot 2 + 0) \cdot 2 + 1\}} \cdot 2 + 1$$

$$\underbrace{6 \cdot 2} \qquad \qquad \boxed{(\text{ii}) 13 \text{ を } 2 \text{ で割った余り}}$$

$$= \underline{[\{(1 \cdot 2 + 1) \cdot 2 + 0\} \cdot 2 + 1]} \cdot 2 + 1$$

$$\boxed{(\text{iii}) 6 \text{ を } 2 \text{ で割った余り}}$$

$$\boxed{(\text{v}) 3 \text{ を } 2 \text{ で割った商}} \quad \boxed{(\text{iv}) 3 \text{ を } 2 \text{ で割った余り}}$$

よって，**10** 進法の **27** を右に示すように，順次 **2** で割った余りを並べていき，最後の商から矢印のように各値を並べれば，$27_{(10)}$ の **2** 進法表示である $11011_{(2)}$ が得られるんだね。納得いった？

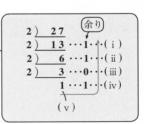

(2) 同様に **10** 進法表示の **200** を **3** 進法で表したかったら，右に示すように，**200** を順次 **3** で割った余りを並べて，最後の商から矢印のように各値を並べれば，$200_{(10)}$ の **3** 進法表示である $21102_{(3)}$ が得られるんだね。

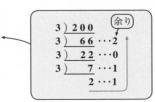

133

(3) 次，10 進法表示の 542 を 5 進法表
   示にする場合は，右に示すように，
   542 を順次 5 で割った余りを求めて
   並べ，最後の商から矢印の向きに各
   値を並べれば，542(10) の 5 進法表示
   である 4132(5) が求まるんだね。

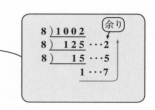

(4) 最後に，10 進法表示の 1002 を 8
   進法で表示しよう。これまでと同
   様に，右に示すように，1002 を順
   次 8 で割った余りを求めて並べ，
   最後の商から矢印の向きに各値を並

べれば，1002(10) の 8 進法表示である 1752(8) を求められるんだね。
大丈夫？

正の整数について，(n 進法表示の数) ⇄ (10 進法表示の数)

（10 進法以外）

の変換操作に自信がついただろうね。

次の練習問題で，さらに確認しておこう。

練習問題 38　　10 進法→ n 進法　　　CHECK *1*　　CHECK *2*　　CHECK *3*

10 進法で表示された 123(10) を（ⅰ）2 進法，（ⅱ）3 進法，（ⅲ）5 進法，（ⅳ）8 進法で，それぞれ表せ。

それぞれ与えられた数で順次割って，商と余りを並べていけばいい。

（ⅰ）10 進法表示の 123(10)
   を 2 進法表示するため
   に，右のように計算す
   ればいい。その結果，
   123(10) = 1111011(2)
   となる。

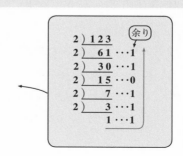

(ⅱ) 同様に，**123**(10) を **3** 進法表示
するためには，右のように計算
すればいいんだね。その結果，
123(10) = **11120**(3) となる。

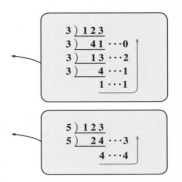

$$\begin{array}{r} 3\,)\,123 \\ \hline 3\,)\ \ 41\cdots0 \\ \hline 3\,)\ \ 13\cdots2 \\ \hline 3\,)\ \ \ \ 4\cdots1 \\ \hline 1\cdots1 \end{array}$$

(ⅲ) 次，**123**(10) を **5** 進法で表すた
めには，右のように計算すれば
いい。その結果，
123(10) = **443**(5) となる。

$$\begin{array}{r} 5\,)\,123 \\ \hline 5\,)\ \ 24\cdots3 \\ \hline 4\cdots4 \end{array}$$

(ⅳ) 最後に，**123**(10) を **8** 進法で
表示するためには，右のよう
に計算する。その結果，
123(10) = **173**(8) となる。

$$\begin{array}{r} 8\,)\,123 \\ \hline 8\,)\ \ 15\cdots3 \\ \hline 1\cdots7 \end{array}$$

間違いなく，結果を出せた？

● *n* 進法表示の小数もマスターしておこう！

では次，小数についても解説しよう。たとえば，**10** 進法表示で小数
0.124(10) は，次のように表せるのは大丈夫だね。

$$0.124_{(10)} = \frac{1}{10} + \frac{2}{10^2} + \frac{4}{10^3} \quad\cdots\cdots ①$$

$\underbrace{}_{\boxed{0.1}}\quad\underbrace{}_{\boxed{0.02}}\quad\underbrace{}_{\boxed{0.004\ \text{のこと}}}$

従って，同じ小数 **0.124** でも **5** 進法表示のものは，次のように表されるん
だね。

$$0.124_{(5)} = \frac{1}{5} + \frac{2}{5^2} + \frac{4}{5^3} = \frac{1}{5} + \frac{2}{25} + \frac{4}{125}$$

これ以降は **10** 進法による表記になる

$$= \frac{25}{125} + \frac{10}{125} + \frac{4}{125} = \frac{39}{125} = 0.312_{(10)}$$

これから，**5** 進法表示の **0.124**(5) は **10** 進法表示では **0.312**(10) と等しいこ
とが分かったんだね。

では，2進法表示の $0.124_{(2)}$ はどうなる？…，そうだね。そんな数は存在しないね。2進法表示では，たとえ小数であっても 0 または 1 のみで表示されることになるからだ。

では，2進法表示の $0.1101_{(2)}$ は，10進法ではどんな数になるか調べてみよう。

$$0.1101_{(2)} = \frac{1}{2} + \frac{1}{2^2} + \frac{0}{2^3} + \frac{1}{2^4} = \frac{1}{2} + \frac{1}{4} + \frac{1}{16}$$

$$\boxed{\text{これ以降は 10 進法による表記になる}}$$

$$= \frac{8}{16} + \frac{4}{16} + \frac{1}{16} = \frac{13}{16} = 0.8125_{(10)}$$

よって，2進法表示の $0.1101_{(2)}$ は10進法表示の $0.8125_{(10)}$ と等しいことが分かったんだね。これで，小数の n 進法表示の要領もつかめたと思う。では次の練習問題で，さらにもう一度練習しておこう。

練習問題 39	2進法表示の小数	CHECK 1	CHECK 2	CHECK 3

2進法表示の数 $101.0101_{(2)}$ を10進法で表示せよ。

整数部と小数部があるけれど，まとめて式で表せばいいんだね。

2進法で表された $101.0101_{(2)}$ は，次のようにも表せる。

$$101.0101_{(2)} = 1 \times 2^2 + 0 \times 2^1 + 1 \times 1 + \frac{\cancel{0}}{2} + \frac{1}{2^2} + \frac{\cancel{0}}{2^3} + \frac{1}{2^4}$$

$$= 4 + 1 + \frac{1}{4} + \frac{1}{16} = 5 + \underbrace{\frac{5}{16}}_{\boxed{0.3125_{(10)}}} = 5.3125_{(10)}$$

よって，2進法表示の $101.0101_{(2)}$ は，10進法表示の $5.3125_{(10)}$ と等しいことが分かったんだね。大丈夫？

n 進法表示について，試験では特に2進法表示のものについて出題されることが多いと思うので，これらの数の足し算，引き算，掛け算の計算についても，ここで練習しておこう。これからは，2進法表示や10進法表示の数をそれぞれ，簡単に2進数，10進数と表したりもするよ。

● 2進数同士の計算も押さえよう！

これから，2進数同士の足し算，引き算，掛け算について教えよう。ここでは扱う数がすべて2進数なので，たとえば$101_{(2)}$のような，添え字の"(2)"は略して101と表すことにする。では，早速足し算から始めよう！

(Ⅰ)2進数同士の足し算の基本

(ⅰ)$0+0=0$　(ⅱ)$0+1=1$　(ⅲ)$1+0=1$　(ⅳ)$1+1=10$

(ⅰ)，(ⅱ)，(ⅲ)は10進数表示のときと同じだから問題ないはずだ。ポイントは(ⅳ)の$1+1=10$となることだね。$1+1$により，10進数表示の$2_{(10)}$が2進数表示では，桁上がりして10となるわけだからね。これから，次の例題のような計算になるんだね。

$(ex1)\underline{11}+1=\underline{10}+1+1=10+\underline{10}=\underline{100}$

(10)

10進法の$2_{(10)}$は2進法の$10_{(2)}$になるからね

$(ex2)\underline{111}+1=\underline{110}+1+1=\underline{100}+\underline{10}+10=100+\underline{100}=\underline{1000}$

(10)　　　　(100)

10進法の$2_{(10)}$は2進法の$10_{(2)}$になるからね

(Ⅱ)2進数同士の引き算の基本

(ⅰ)$0-0=0$　(ⅱ)$1-0=1$　(ⅲ)$1-1=0$　(ⅳ)$10-1=1$

これも(ⅰ)，(ⅱ)，(ⅲ)は問題ないはずだ。ポイントは(ⅳ)の$10-1=1$だね。もう意味は大丈夫だろうけれど，2進数の$10_{(2)}$は10進数の$2_{(10)}$のことだから，これから1を引いたら$1_{(2)}$となるからね。では，引き算も例題で練習しておこう。

$(ex3)111-1=110$　これは問題ないね。

> これは
> $101+1=110$
> と検算できる

$(ex4)\underline{110}-1=\underline{100}+\underline{10}-1=100+\underline{1}=\underline{101}$

(1)

$(ex5)\underline{101}-10=\underline{100}+\underline{1}-10=100-1$

(-1)

> これも
> $11+10=101$
> と検算できるんだね

$=\underline{11}+1-1=\underline{11}$

(0)

では次の練習問題で，さらに2進数同士の足し算と引き算をやってみよう。

次の 2 進法表示された数同士の計算をせよ。

(1)1101 + 101 (2)1011 − 101

足し算では $1+1=10$，引き算では $10-1=1$ がポイントになるんだね。

(1)$\underset{\wwoverline}{1101} + \underline{101} = 1000 + \underset{\wwoverline}{100 + 1} + \underline{100 + 1}$

$= 1000 + \underset{\boxed{1000}}{\underline{100+100}} + \underset{\boxed{10}}{\underline{1+1}} = \underset{\boxed{10000}}{\underline{1000+1000}} + 10$

$= 10000 + 10 = 10010$ となるんだね。

2 進数の桁上がりの意味が分かって
いれば，右のように計算しても，
もちろんいいんだね。

$$\begin{array}{r} 1101 \\ +)\ \ 101 \\ \hline 10010 \end{array}$$

さらに，10 進数に戻しての検算もやっておくと，

$1101_{(2)} = 1 \times 2^3 + 1 \times 2^2 + 1 = 13_{(10)}$, $101_{(2)} = 1 \times 2^2 + 1 = 5_{(10)}$

$10010_{(2)} = 1 \times 2^4 + 1 \times 2 = 18_{(10)}$ となるので，10 進法表示では，

$13 + 5 = 18$ の計算をやっただけなんだね。

(2)$1011 - 101 = 1000 + 11 - (100 + 1)$

$= \underset{\boxed{100 + 100 - 100}}{\underline{1000 - 100}} + \underset{\boxed{10}}{\underline{11 - 1}} = 100 + 10 = 110$ となる。

これも意味が分かっていれば，
右のような計算のやり方をしても，
もちろんいいんだよ。

$$\begin{array}{r} 1011 \\ -)\ \ 101 \\ \hline 110 \end{array}$$

さらに，10 進数に戻しての検算もやっておくと，

$1011_{(2)} = 1 \times 2^3 + 1 \times 2 + 1 = 11_{(10)}$, $101_{(2)} = 1 \times 2^2 + 1 = 5_{(10)}$

$110_{(2)} = 1 \times 2^2 + 1 \times 2 = 6_{(10)}$ となるので，10 進法表示では，

$11 - 5 = 6$ の計算をやっただけだ。

これで，2 進法表示された数同士の足し算と引き算にも自信が持てるよう
になっただろう？

では次，これらの掛け算についても解説しておこう。

(Ⅲ)2 進数同士の掛け算の基本

(i)$0 \times 0 = 0$　(ii)$0 \times 1 = 0$　(iii)$1 \times 0 = 0$　(iv)$1 \times 1 = 1$

これらはすべて問題ないと思う。では，早速例題を解いてみよう。

($ex6$)101×11 については右のように
計算して，$101 \times 11 = 1111$ とな
るんだね。

$$\begin{array}{r} 101 \\ \times)\ \underline{\quad 11} \\ 101 \\ \underline{101\quad} \\ 1111 \end{array}$$

($ex7$)111×11 についても，右のよう
に計算して，$111 \times 11 = 10101$
となる。

このように，2 進法表示された
数同士の掛け算の場合，結局
足し算が正確にできるか，どうかに帰結するんだね。

$$\begin{array}{r} 111 \\ \times)\ \underline{\quad 11} \\ 111 \\ \underline{111\quad} \\ 10101 \end{array}$$

($ex8$)11011×101 についても右のよ
うに計算して，11011×101

$\qquad = 10000111$

となるんだね。

$$\begin{array}{r} 11011 \\ \times)\ \underline{\quad 101} \\ 11011 \\ 11011\quad\ \\ \underline{11011\quad\quad} \\ 10000111 \end{array}$$

($ex8$)については，10 進数に戻して検算もやっておこう。

$11011 = 1 \times 2^4 + 1 \times 2^3 + 1 \times 2 + 1 = 27$, $101 = 1 \times 2^2 + 1 = 5$

$10000111 = \underline{1 \times 2^7} + 1 \times 2^2 + 1 \times 2 + 1 = 135$

$\qquad\qquad\quad$ (128)

> $2^5 = 32$, $2^{10} = 1024$ は覚えておこう。
> これから，$2^7 = 2^2 \times 2^5 = 4 \times 32 = 128$
> と求めたんだ。

よって，これは
10 進法表示では
$27 \times 5 = 135$ の計算をしただけなんだね，納得いった？

以上で，2 進法表示された数同士の足し算，引き算，掛け算についての解説は終了です。結構面白かっただろう？

じゃあ，この後は，話をまた 10 進法表示の数に戻して，分数と小数の関係について教えることにしよう。

● 分数の小数表示を考えよう！

ここで，分数の小数表示について解説するんだけれど，扱う数はすべて **10 進法表示**のものだけにするので，表記の繁雑さを避けるため，たとえば，$0.25_{(10)}$ などのような添え字の "$_{(10)}$" はすべて略して表すことにする。

一般に，"**分数**" を小数で表すと，

> "整数ではない有理数" のこと

$$\begin{cases} (\,\mathrm{I}\,)\ \dfrac{3}{4} = 0.75 \ \text{や，} \ \dfrac{2}{25} = 0.08 \ \text{のように "有限小数" になる場合と，} \\[3mm] (\,\mathrm{II}\,)\ \dfrac{5}{11} = 0.454545\cdots \text{や，} \ \dfrac{9}{37} = 0.243243243\cdots \text{のように，} \\[2mm] \qquad \text{同じ数字の並びが繰り返し現れる "循環小数" となる場合がある。} \end{cases}$$

このことは，みんな知っていると思う。

特に，$\dfrac{5}{11} = 0.45\underline{4545}\cdots$ の 45 や，$\dfrac{9}{37} = 0.2\underline{43243}\cdots$ の 243 のように

> 循環節　　　　　　　　　　　　　　循環節

繰り返し現れる数字の配列を "**循環節**" といい，

$$\dfrac{5}{11} = 0.\dot{4}\dot{5} \ \text{や，} \ \dfrac{9}{37} = 0.\dot{2}4\dot{3} \ \text{などのように表現するんだ。}$$

> 0.454545… のこと　　　0.243243243… のこと

また，ここで扱う分数は，$\dfrac{9}{12} = \dfrac{3}{4}$ や $\dfrac{10}{22} = \dfrac{5}{11}$ などのように，

> 既約分数：3 と 4 は互いに素　　　既約分数：5 と 11 は互いに素

これ以上約分できない，つまり分子と分母が<u>互いに素</u>な "**既約分数**" についてのみ考えることにする。

$(\,\mathrm{I}\,)$ ではまず，有限小数となる既約分数について考えよう。

たとえば，$\dfrac{3}{4} = \dfrac{3}{2^2} = 0.75$ や，$\dfrac{2}{25} = \dfrac{2}{5^2} = 0.08$ や，$\dfrac{9}{200} = \dfrac{9}{2^3 \times 5^2} = 0.045$ などのような，有限小数となる既約分数の分母の素因数は必ず **2** と **5** だけなんだね。このとき，

140

$\cdot \dfrac{3}{4} = \dfrac{3}{2^2}$ ← 分子・分母に 5^2 をかけて $= \dfrac{3 \times 5^2}{2^2 \times 5^2} = \dfrac{75}{100} = 0.75$ となるし,

$(2 \cdot 5)^2 = 10^2 = 100$

$\cdot \dfrac{2}{25} = \dfrac{2}{5^2}$ ← 分子・分母に 2^2 をかけて $= \dfrac{2 \times 2^2}{2^2 \times 5^2} = \dfrac{8}{100} = 0.08$ となる。また,

$\cdot \dfrac{9}{200} = \dfrac{9}{2^3 \times 5^2}$ ← 分子・分母に 5 をかけて $= \dfrac{9 \times 5}{2^3 \times 5^3} = \dfrac{45}{1000} = 0.045$ と有限小数

になるんだね。要領はつかめた？

よって，次の基本事項が成り立つことを頭に入れておこう。

既約分数が有限小数となる条件

既約分数の分母の素因数が 2 と 5 のみであるとき，
この既約分数は有限小数となる。

ということは，分母の素因数に 2 と 5 以外のものが含まれる場合は，
その既約分数は，有限小数にはなり得ないので，循環小数になるんだね。
例題でいくつか確認しておこう。

$(ex1)$ $\dfrac{5}{6}$ は，$\dfrac{5}{6} = \dfrac{5}{2 \times 3}$ と変形でき，その分母に 2 と 5 以外の素因数 3 が含

2 と 5 以外の素因数

まれるので，循環小数になる。

$(ex2)$ $\dfrac{17}{1250}$ は，$\dfrac{17}{1250} = \dfrac{17}{2 \times 5^4}$ と変形でき，その分母の素因数は，2 と 5

のみなので，有限小数となる。

$(ex3)$ $\dfrac{8}{105}$ は，$\dfrac{8}{105} = \dfrac{8}{5 \times 3 \times 7}$ と変形でき，その分母に 2 と 5 以外の素因

2 と 5 以外の素因数

数 3 と 7 が含まれるので循環小数になる。大丈夫？

(Ⅱ) 次，循環小数となる既約分数について，詳しく考えてみよう。

既約分数の分母の素因数に，**2** と **5** 以外のものが含まれるとき，循環小数になると話したね。でも，何故循環するのだろうか？例題で考えてみよう。

(ex4) 既約分数 $\dfrac{5}{11}$ の分母の **11** は，

これそのものが素因数になる。よって，これは循環小数になるはずだね。右図に示すように，実際に **5** を **11** で割っていってみよう。そして，

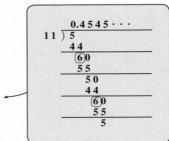

・余りに着目すると

$$\underline{6} \to \mathbf{5} \to \underline{6} \to \mathbf{5} \to \underline{6} \to \mathbf{5} \to \cdots \text{と}$$

同じ **6** → **5** の配列が繰り返されるので，

・商も当然

$$\underline{4} \to \mathbf{5} \to \underline{4} \to \mathbf{5} \to \underline{4} \to \mathbf{5} \to \cdots \text{と，}$$

同じ **4** → **5** の配列が繰り返し現れることになる。

これから，$\dfrac{5}{11} = 0.\overset{\cdot\cdot}{45}$($= 0.454545\cdots$) と循環小数で表される

〔循環節〕

ことが分かった。

(ex5) 次，既約分数 $\dfrac{9}{37}$ の分母の **37** は，これそのものが素因数だね。よって，これも循環小数になるはずだ。右図に示すように，実際に **37** で **9** を割っていってみよう。

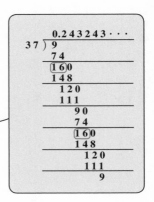

そして，これについても，余りと商それぞれに着目すると，

142

・余りは，16 → 12 → 9 → 16 → 12 → 9 →…と同じ 16 → 12 → 9 の配列が繰り返され，それに伴って

・商も，2 → 4 → 3 → 2 → 4 → 3 → ・・・と同じ 2 → 4 → 3 の配列が繰り返し現れることになるんだね。

これから，$\frac{9}{37} = 0.\dot{2}4\dot{3}(= 0.243243243\cdots)$ と，循環小数で表されることが分かるんだね。

では，一般論で少し考えてみよう。既約分数 $\frac{m}{n}$ (m と n は互いに素な正の整数) が与えられたとき，m を n で割った余りは当然 n より小さいので，1，2，3，…，$n-1$ の $n-1$ 個のもののいずれかになる。したがって，この n による割り算を n 回行う間には，必ずこの $n-1$ 回の余りの中のいずれかのものと等しい余りが現れることになる。そして，同じ余りが現れたならば，以下同じ配列パターンで余りが繰り返し現れることになり，そのため，割り算の結果である商も同じ配列パターンを繰り返すことになる。つまり，循環小数になるってことなんだね。納得いった？

このような考え方で証明する方法を "部屋割り論法（へやわりろんぽう）" という。

$n = 5$ として，この部屋割り論法の考え方を図 1 に示そう。$n = 5$ 個のボールと $n-1 = 4$ つの部屋(箱)があるものとする。そして，この 5 個のボールが 4 つの部屋 (箱) のいずれかに入るものとすると，図 1 に示すように少なくとも 1 つ，いずれかの部屋 (箱) には，必ず

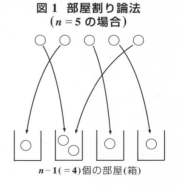

図 1　部屋割り論法
($n = 5$ の場合)

$n-1(=4)$個の部屋(箱)

2 個以上のボールが入ることになるんだね。この考え方が部屋割り論法と呼ばれるもので，循環小数の証明に使った方法論なんだね。

● 合同式をマスターしよう！

では，"整数の性質"の最後のテーマとして，"合同式"について，解説しておこう。これを使うと，大きな整数をある整数で割った余りが楽に求められるようになるんだね。では，合同式の定義を次に示す。

■ 合同式

2つの整数 a と b を，ある正の整数 n で割ったときの余りが
等しいとき，

$a \equiv b \pmod{n}$ …(*) と書き，

「a と b は，n を法として合同である。」という。

まだ，ピンとこないだろうから，$n = 4$ のときの例を下に示そう。

$0 \equiv 4 \equiv 8 \equiv 12 \equiv \cdots \pmod 4$ ← 4 で割って割り切れる数はみんな合同

$1 \equiv 5 \equiv 9 \equiv 13 \equiv \cdots \pmod 4$ ← 4 で割って 1 余る数はみんな合同

$2 \equiv 6 \equiv 10 \equiv 14 \equiv \cdots \pmod 4$ ← 4 で割って 2 余る数はみんな合同

$3 \equiv 7 \equiv 11 \equiv 15 \equiv \cdots \pmod 4$ ← 4 で割って 3 余る数はみんな合同

どう？言ってることは単純だから，よく分かるだろう？でも，この合同式には，次のような重要な公式があるので，実践でも役に立つんだね。

■ 合同式の公式

$a \equiv b \pmod n$，かつ $c \equiv d \pmod n$ のとき，

(i) $a + c \equiv b + d \pmod n$　　(ii) $a - c \equiv b - d \pmod n$

(iii) $a \times c \equiv b \times d \pmod n$　　(iv) $a^m \equiv b^m \pmod n$

(ただし，m：正の整数)

では，これらの公式を次の例題で実際に使ってみよう。

$(ex1)$ <u>473 $\equiv$ 3 (mod 5)</u>，<u>182 $\equiv$ 2 (mod 5)</u>

473 を 5 で割ると，余りは 3
だから，この合同式が成り立つ

182 を 5 で割ると，余りは 2
だから，この合同式が成り立つ

よって，上の 4 つの公式を使えば，(i)473 + 182 や (ii)473 − 182 や (iii)<u>473 × 182</u>，それに (iv)<u>473^5</u> について，それぞれを 5 で

かなり大きな整数

非常に大きな整数

144

割った余りを，アッという間に求めることができるんだね。

(i)$473 + \underline{182} \equiv \underline{3} + \underline{2} \equiv 5 \equiv 0 \,(\text{mod } 5)$ より

　　$473 + 182$ を 5 で割った余りは 0 である。

(ii)$473 - \underline{182} \equiv \underline{3} - \underline{2} \equiv 1 \,(\text{mod } 5)$ より

　　$473 - 182$ を 5 で割った余りは 1 である。

(iii)$473 \times \underline{182} \equiv \underline{3} \times \underline{2} \equiv 6 \equiv 1 \,(\text{mod } 5)$ より

　　473×182 を 5 で割った余りは 1 である。

(iv)$473^5 \equiv 3^5 \equiv \underline{3^3} \times \underline{3^2} \,(\text{mod } 5)$

　　ここで，$\underline{3^3} \equiv 27 \equiv 2 \,(\text{mod } 5)$

　　　　　$\underline{3^2} \equiv 9 \equiv 4 \,(\text{mod } 5)$ より

　　$473^5 \equiv \underline{2} \times \underline{4} \equiv 8 \equiv 3 \,(\text{mod } 5)$

　　よって，非常に大きな整数 473^5 を 5 で割った余りは 3 であることも簡単に導けるんだね。

どう？これで，合同式の利用法も理解できただろう？

　さらに，この合同式は，整数の証明問題にも応用することができるんだね。典型的な問題を 2 つやっておこう。

(ex)「任意の正の整数 n について，n^2 を 3 で割った余りは 0 または 1 のみである」ことを証明してみよう。

　　たとえば，$n = 6$ のとき，$n^2 = 36$ となるので，これを 3 で割ると割り切れて，余りは 0 だね。$n = 7$ のとき，$n^2 = 49$ より，これは $49 = 3 \times 16 + 1$ だから 3 で割ると余りは 1 となる。$n = 8$ のときは，$n^2 = 64 = 3 \times 21 + 1$ より，これを 3 で割ると余りは 1 となる。このように，どんな正の整数 n でも，これを 2 乗した n^2 を 3 で割ると，余りは 0 か 1 しかなく，余りが 2 となることはないんだね。このことを，合同式を使って証明してみよう。

　　すべての正の整数 n は，3 で割ると，余りが(i)0 または(ii)1 または(iii)2 となる，3 通りの整数に分類できる。つまり，これを合同式で表すと，

(i)$n \equiv 0 \,(\text{mod } 3)$ ←具体的には $3, 6, 9, 12, 15, \cdots$ のこと

(ii)$n \equiv 1 \,(\text{mod } 3)$ ←具体的には $1, 4, 7, 10, 13, \cdots$ のこと

(iii)$n \equiv 2 \,(\text{mod } 3)$ ←具体的には $2, 5, 8, 11, 14, \cdots$ のこと

これで，すべての整数だ！

となるので，この **3** 通りの **n** について，n^2 を **3** で割った余りを調べてみればいいんだね。

(i) $n \equiv 0 \pmod{3}$ のとき，

$\quad n^2 \equiv 0^2 \equiv 0 \pmod{3}$ より，n^2 を **3** で割った余りは $\underline{\underline{0}}$ である。

(ii) $n \equiv 1 \pmod{3}$ のとき，

$\quad n^2 \equiv 1^2 \equiv 1 \pmod{3}$ より，n^2 を **3** で割った余りは $\underline{\underline{1}}$ である。

(iii) $n \equiv 2 \pmod{3}$ のとき，

$\quad n^2 \equiv 2^2 \equiv 4 \equiv 1 \pmod{3}$ より，n^2 を **3** で割った余りは $\underline{\underline{1}}$ である。

以上 (i)(ii)(iii) より，「任意の正の整数 **n** について，n^2 を **3** で割った余りは **0** または **1** のみである」ことが示せたんだね。面白かった？

それでは，もう **1** 題，類似の証明問題を解いてみよう。

(*ex*)「任意の正の整数 **n** について，n^4 を **5** で割った余りは **0** または **1** のみである」ことを証明してみよう。

任意の正の整数 **n** を **5** で割ったとき，余りが (i) **0** または (ii) **1** または (iii) **2** または (iv) **3** または (v) **4** となるので，今回はこの **5** 通りに分類して，n^4 を **5** で割った余りを調べてみればいいんだね。

(i) $n \equiv 0 \pmod{5}$ のとき，←[具体的には **n** = **5, 10, 15, 20,** … のこと]

$\quad n^4 \equiv 0^4 \equiv 0 \pmod{5}$ より，n^4 を **5** で割った余りは $\underline{\underline{0}}$ である。

(ii) $n \equiv 1 \pmod{5}$ のとき，←[具体的には **n** = **1, 6, 11, 16,** … のこと]

$\quad n^4 \equiv 1^4 \equiv 1 \pmod{5}$ より，n^4 を **5** で割った余りは $\underline{\underline{1}}$ である。

(iii) $n \equiv 2 \pmod{5}$ のとき，←[具体的には **n** = **2, 7, 12, 17,** … のこと]

$\quad n^4 \equiv 2^4 \equiv 16 \equiv 1 \pmod{5}$ より，n^4 を **5** で割った余りは $\underline{\underline{1}}$ である。

(iv) $n \equiv 3 \pmod{5}$ のとき，←[具体的には **n** = **3, 8, 13, 18,** … のこと]

$\quad n^4 \equiv 3^4 \equiv (3^2)^2 \equiv 4^2 \equiv 16 \equiv 1 \pmod{5}$ より，

$\qquad$ [$9 \equiv 4$]

$\quad n^4$ を **5** で割った余りは $\underline{\underline{1}}$ である。

(ⅴ) $n \equiv 4 \pmod 5$ のとき， ← 具体的には $n = 4, 9, 14, 19, \cdots$ のこと

$n^4 \equiv 4^4 \equiv \left(4^2\right)^2 \equiv 1^2 \equiv 1 \pmod 5$ より，

16 ≡ 1

n^4 を 5 で割った余りは $\underline{\underline{1}}$ である。

以上 (ⅰ)(ⅱ)(ⅲ)(ⅳ)(ⅴ) より，「任意の正の整数 n について，n^4 を 5 で割った余りは 0 または 1 のみである」ことが示せたんだね。

これから，どんな正の整数 n であっても n^4 を 5 で割ったとき，その余りは必ず 0 または 1 となるので，余りが 2 や 3 や 4 となることはあり得ないことが分かったんだね。

以上より，

「どんな正の整数 n でも，n^2 を 3 で割った余りは 0 または 1 のみである」こと，および，

「どんな正の整数 n でも，n^4 を 5 で割った余りは 0 または 1 のみである」ことは，合同式による証明法も含めてシッカリ頭に入れておこう！

それでは，この知識を利用して，少し本格的な次の証明問題にチャレンジしてみよう。

(ex) すべての自然数 n に対して，$S_n = n^5 + 4n$ は 5 の倍数となることを証明しよう。まず，具体的に調べてみると，

$n = 1$ のとき，$S_1 = 1^5 + 4 \times 1 = 5$ となって，5 の倍数だね。

$n = 2$ のとき，$S_2 = \underline{2^5} + 4 \times 2 = 32 + 8 = 40$ となって，これも 5 の倍数になる。

32

でも，このように，$n = 1, 2, 3, \cdots$ と順に調べていたんでは一生かけてもすべての自然数 n に対して，S_n が 5 の倍数であることは証明できない。ここで，合同式を利用することを考えたらいいんだね。今回は，S_n が 5 の倍数となることの証明問題なので，自然数 n をまず 5 で割って，余りが 0, 1, 2, 3, 4 となる 5 種類の自然数に分類して証明すればよいことに気付くはずだ。すなわち，合同式を使って，

(ⅰ) $n \equiv 0 \pmod 5$，(ⅱ) $n \equiv 1 \pmod 5$，(ⅲ) $n \equiv 2 \pmod 5$，

$n = 5, 10, 15, 20, \cdots$ ｜ $n = 1, 6, 11, 16, \cdots$ ｜ $n = 2, 7, 12, 17, \cdots$

(ⅳ) $n \equiv 3 \pmod 5$，(ⅴ) $n \equiv 4 \pmod 5$ の 5 通りに場合分けして調べよう。

$n = 3, 8, 13, 18, \cdots$ ｜ $n = 4, 9, 14, 19, \cdots$

$S_n = n^5 + 4n = n(n^4 + 4)$ $(n = 1, 2, 3, \cdots)$ が 5 の倍数であることを示そう。

実は，$\underline{n^4 \equiv 0 \ (\text{mod } 5)}$，または $\underline{n^4 \equiv 1 \ (\text{mod } 5)}$ の知識があると，

$\boxed{n \equiv 0 \ (\text{mod } 5) \ \text{のとき}}$　$\boxed{n \equiv 1, 2, 3, 4 \ (\text{mod } 5) \ \text{のとき}}$

$\begin{cases} \cdot n \equiv 0 \ \text{のとき，} \ S_n = n(\underline{n^4 + 4}) \equiv 0 \ (\text{mod } 5) \ \text{であり，} \\ \qquad\qquad\qquad\qquad\quad \boxed{0 \ (\text{mod } 5)} \\ \cdot n \equiv 1, 2, 3, 4 \ \text{のとき，} \ S_n = n(\underline{n^4 + 4}) \equiv n \times 5 \equiv 0 \ (\text{mod } 5) \ \text{である。} \end{cases}$

$\boxed{1 \ (\text{mod } 5)}\boxed{0 \ (\text{mod } 5)}$

よって，すべての n に対して，$S_n \equiv 0 \ (\text{mod } 5)$ となって，S_n は 5 の倍数と言えるんだね。でも解答としては，これから示すように $n \equiv 0, 1, 2, 3, 4 \ (\text{mod } 5)$ の 5 通りすべてについて，$S_n \equiv 0 \ (\text{mod } 5)$ を導いていくことにする。

(ⅰ) $n \equiv 0 \ (\text{mod } 5)$ のとき，

$S_n = \underline{n}(\underline{n^4} + 4) \equiv 0 \times 4 \equiv 0 \ (\text{mod } 5)$ より，S_n は 5 で割り切れる。
$\quad\ \ \boxed{0}\ \boxed{0}$

∴ S_n は 5 の倍数である。

(ⅱ) $n \equiv 1 \ (\text{mod } 5)$ のとき，

$S_n = \underline{n}(\underline{n^4} + 4) \equiv 1 \times \underline{5} \equiv 1 \times 0 \equiv 0 \ (\text{mod } 5)$ より，
$\quad\ \ \boxed{1}\ \boxed{1} \qquad\qquad \boxed{0}$

S_n は 5 で割り切れる。

∴ S_n は 5 の倍数である。

(ⅲ) $n \equiv 2 \ (\text{mod } 5)$ のとき，

$S_n = \underline{n}(\underline{n^4} + 4) \equiv 2 \times \underline{(16 + 4)} \equiv 2 \times 0 \equiv 0 \ (\text{mod } 5)$ より，
$\quad\ \ \boxed{2}\ \boxed{2^4} \qquad\quad \boxed{20 \equiv 0 \ (\text{mod } 5)}$

S_n は 5 で割り切れる。

∴ S_n は 5 の倍数である。

(ⅳ) $n \equiv 3 \ (\text{mod } 5)$ のとき，

$S_n = \underline{n}(\underline{n^4} + 4) \equiv 3 \times \underline{(81 + 4)} \equiv 3 \times 0 \equiv 0 \ (\text{mod } 5)$ より，
$\quad\ \ \boxed{3}\ \boxed{3^4} \qquad\quad \boxed{85 \equiv 0 \ (\text{mod } 5)}$

S_n は 5 で割り切れる。

∴ S_n は 5 の倍数である。

(ⅴ) $n \equiv 4 \pmod 5$ のとき，

$$S_n = \underset{4}{n}(\underset{4^4}{n^4}+4) \equiv 4 \cdot (4^4+4) \equiv 4 \times (\underset{(4^2)^2 \equiv 16^2 \equiv 1^2 \equiv 1}{1}+4) \equiv 4 \times 0 \equiv 0 \pmod 5$$ より，

$\underset{1}{}$

S_n は 5 で割り切れる。

∴ S_n は 5 の倍数である。

以上 (ⅰ)～(ⅴ) のすべての場合について，$S_n \equiv 0 \pmod 5$ となるので，すべての自然数 n に対して，$S_n = n^5 + 4n$ は 5 の倍数であることが示せたんだね。

どう？合同式を使うことにより，これまで難しいと思っていた証明問題も，意外とアッサリ解けてしまうことが分かって面白かったでしょう？もちろん，合同式ですべての証明問題が解けるわけではないんだけれど，証明問題に直面したときに，合同式が利用できるかどうか，1 つの有力な手法として検討してみるといいんだね。

では，もう 1 つ合同式を利用する面白いテーマについて解説しよう。

合同式を応用すれば，はるか未来の曜日を決定することもできるんだね。面白そうでしょう。このように，合同式を使えば，様々な問題を解けるようになるんだね。早速，次の例題でチャレンジしてみよう。

(ex) 今日は日曜日である。これから，

(ⅰ) 10^5 日目が何曜日であるか，調べてみよう。

(ⅱ) 2^{20} 日目が何曜日であるか，調べてみよう。

(ⅲ) 5^{15} 日目が何曜日であるか，調べてみよう。

日曜日である今日から n 日目の曜日について，まず具体的に考えてみよう。

$n = 1$ 日目は月曜日，$n = 2$ 日目は火曜日，$n = 3$ 日目は水曜日，

$n = 4$ 日目は木曜日，$n = 5$ 日目は金曜日，$n = 6$ 日目は土曜日，

$n = 7$ 日目は日曜日となり，この後同様のことが繰り返されるんだね。

これを体系立てて列挙してみると，次のようになって，合同式が利用できることが見えてくるんだね。

$n = 1$, $\quad 8$, $\quad 15$, $\quad 22$, $\quad 29$, $\quad \cdots\cdots$ のとき， 月曜日

$n = 2$, $\quad 9$, $\quad 16$, $\quad 23$, $\quad 30$, $\quad \cdots\cdots$ のとき， 火曜日

$n = 3$, $\quad 10$, $\quad 17$, $\quad 24$, $\quad 31$, $\quad \cdots\cdots$ のとき， 水曜日

$n = 4$, $\quad 11$, $\quad 18$, $\quad 25$, $\quad 32$, $\quad \cdots\cdots$ のとき， 木曜日

$n = 5$, $\quad 12$, $\quad 19$, $\quad 26$, $\quad 33$, $\quad \cdots\cdots$ のとき， 金曜日

$n = 6$, $\quad 13$, $\quad 20$, $\quad 27$, $\quad 34$, $\quad \cdots\cdots$ のとき， 土曜日

$n = 7$, $\quad 14$, $\quad 21$, $\quad 28$, $\quad 35$, $\quad \cdots\cdots$ のとき， 日曜日

これから，n を 7 で割ったときの余りで考えれば，

$n = 1$, $\quad 8$, $\quad 15$, $\quad 22$, $\quad 29$, $\quad \cdots\cdots$ のとき， $n \equiv 1 \pmod 7$

$n = 2$, $\quad 9$, $\quad 16$, $\quad 23$, $\quad 30$, $\quad \cdots\cdots$ のとき， $n \equiv 2 \pmod 7$

$n = 3$, $\quad 10$, $\quad 17$, $\quad 24$, $\quad 31$, $\quad \cdots\cdots$ のとき， $n \equiv 3 \pmod 7$

$\cdots\cdots\cdots$ となるので，これらをすべてまとめて示すと，

$n \equiv 1 \pmod 7$ のとき， 月曜日

$n \equiv 2 \pmod 7$ のとき， 火曜日

$n \equiv 3 \pmod 7$ のとき， 水曜日

$n \equiv 4 \pmod 7$ のとき， 木曜日

$n \equiv 5 \pmod 7$ のとき， 金曜日

$n \equiv 6 \pmod 7$ のとき， 土曜日

$n \equiv 0 \pmod 7$ のとき， 日曜日　となるんだね。

（ⅰ）したがって，今日が日曜日のとき，そのはるか未来の $\underline{n = 10^5}$ 日目の

> $n = 10$ 万日目

曜日も，上に示したように，合同式を用いれば，アッサリ求めることができるんだね。

> $2 \times 2 + 1$

$n = \underline{10^5} \equiv 3^{\boxed{5}} \equiv (3^2)^2 \times 3 \equiv 2^2 \times 3 \equiv 5 \pmod 7$

> $n \equiv 5 \pmod 7$
> のとき金曜日

$\underline{3 \pmod 7}$　$\underline{9 \equiv 2 \pmod 7}$　$\underline{12 \equiv 5 \pmod 7}$

これから，日曜日の 10^5 日目は金曜日であることが，分かったんだね。

どう？面白かったでしょう？

(ⅱ) では次，日曜日の $n = 2^{20}$ 日目が何曜日になるかも，合同式を使って調べてみよう。

今回は，$2^3 = 8 \equiv 1 \pmod 7$ を利用すればいいんだね。

$n = \underbrace{2^{20}}_{2^{3 \times 6 + 2}} = (2^3)^6 \times 2^2 \equiv \underbrace{1^6}_{8 \equiv 1 \pmod 7} \times 2^2 \equiv 4 \pmod 7$

$n \equiv 4 \pmod 7$ のとき木曜日

これから，日曜日の 2^{20} 日目は，木曜日であることが分かったんだね。

(ⅲ) 最後に，日曜日の $n = 5^{15}$ 日目が何曜日になるかについても，合同式を使って調べよう。

今回は，まず，$5^2 = 25 \equiv 4 \pmod 7$ を利用しよう。

$n = \underbrace{5^{15}}_{5^{2 \times 7 + 1}} = (5^2)^7 \times 5 \equiv \underset{\underbrace{25 \equiv 4 \pmod 7}}{4^{\overset{2 \times 3 + 1}{\boxed{7}}}} \times 5 \equiv \underset{\underbrace{(4^2)^3 \times 4 \times 5}{16 \equiv 2 \pmod 7}}{2^3 \times 20}$ より，

$n \equiv \underset{\underset{(\text{mod } 7)}{8 \equiv 1}}{2^3} \times \underset{6 \pmod 7}{20} \equiv 1 \times 6 \equiv 6 \pmod 7$

$n \equiv 6 \pmod 7$ のとき土曜日

よって，日曜日の 5^{15} 日目は，土曜日になるんだね。これも面白かった？

以上で，これまで 3 回に渡って講義してきた "**整数の性質**" の解説はすべて終了です！ みんな，よく頑張ったね。

これまでの講義の内容をシッカリマスターすれば，中間・期末試験も乗り切れるだろうし，さらに受験基礎力まで身に付けることが出来るんだよ。

だから，次回の講義まで，これまで学習した内容を自分で納得がいくまで，繰り返し復習しておいてほしい。次回からは，新しいテーマ "**図形の性質**" の講義に入ろう。それでは，みんな元気でな。また会おう…！

1. $A \cdot B = n$ 型　（A，B：整数の式，n：整数）の解法

n の約数を A と B に割り当てる右の表を作って，解く。

A	1	n	$\cdots$	-1	$-n$
B	n	1	$\cdots$	$-n$	-1

2.　2つの自然数 a，b の最大公約数 g と最小公倍数 L

（ⅰ）$\begin{cases} a = g \cdot a' \\ b = g \cdot b' \end{cases}$　（a'，b'：互いに素な正の整数）

（ⅱ）$L = g \cdot a' \cdot b'$　　　　（ⅲ）$a \cdot b = g \cdot L$

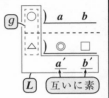

3.　除法の性質

整数 a を正の整数 b で割ったときの商を q，余りを r とおくと，

$a = b \times q + r$　（$0 \leqq r < b$）　が成り立つ。

4.　ユークリッドの互除法

正の整数 a，b $(a > b)$ について，右の各式が成り立つとき，a と b の最大公約数 g は，

$g = b''$ となる。

$a = b \times q + r$　　　　$(0 < r < b)$

$a' = b' \times q' + r'$　　$(0 < r' < b')$

$a'' = b'' \times q''$

5.　不定方程式 $ax + by = n$ $\cdots$① （a，b：互いに素，n：0 でない整数）の解法

①の 1 組の整数解 (x_1, y_1) を，ユークリッドの互除法より求め，

$ax_1 + by_1 = n$ $\cdots$②を作る。①－②より，$\alpha x = \beta y$（α，β：互いに素）

の形に帰着させる。

6.　p 進法による記数法（2 進法表示の例）

・右の計算式より，$\underline{15_{(10)}} = \underline{1111_{(2)}}$

　　　　　　　10 進法表示　2 進法表示

・和と差の基本（ⅰ）$1 + 1 = 10$　（ⅰ）$10 - 1 = 1$

7.　合同式

$a \equiv b \pmod{n}$ かつ $c \equiv d \pmod{n}$ のとき，

（ⅰ）$a \pm c \equiv b \pm d \pmod{n}$　（複号同順）

（ⅱ）$a \times c \equiv b \times d \pmod{n}$　（ⅲ）$a^m \equiv b^m \pmod{n}$（m：自然数）

第 3 章
CHAPTER
3 図形の性質

 テーマ

▶ 三角形の基本

▶ 三角形の五心と，
　チェバの定理，メネラウスの定理

▶ 円の性質

▶ 作図

▶ 空間図形

10th day　同位角・錯角，中点連結の定理

みんな，おはよう！ サァ，今日から新しいテーマ**"図形の性質"**の講義に入ろう！ エッ，図形は苦手だって？ 大丈夫だよ。中学生レベルの数学からまた親切に解説していくからね。だから，これまで図形アレルギーだった人も，そのアレルギーがこの講義で解消されていくと思うよ。そして，図形が得意になれば，視野が大きく広がるので，これまで勉強した**"三角比"**の問題を解く上でも，さらに有利になるんだよ。

今回は，**"三角形の基本"**について詳しく教えよう。具体的には，**"内角の2等分線と辺の比"**および**"外角の2等分線と辺の比"**の定理について解説しよう。詳しく丁寧に教えるから，まず三角形の基本をシッカリ身につけよう。

● 同位角，錯角から始めよう！

図形の問題では，角度が重要な役割を演じるので，まず，この角度について解説を始めよう。図1(ⅰ)に示すように，角度は2つの半直線 OP, OQ により，∠POQ のように表される。これを角度 θ とおくと，

ギリシャ文字"シータ"

∠POQ $=\theta$ となるんだね。ここで，この3点 P, O, Q が図1(ⅱ)のように直線上に並んだとき∠POQ $=\theta=180°$ と表すんだね。これが角度の基になるんだよ。

次，図2を見てくれ。2直線 P_1P_2 と Q_1Q_2 が点 O で交わるとき，∠P_1OQ_1 と∠P_2OQ_2 は**"対頂角で等しい"**という。

$$\begin{cases} ∠P_1OQ_1 = 180° - ∠P_1OQ_2 \\ ∠P_2OQ_2 = 180° - ∠P_1OQ_2 \end{cases}$$ となるので，

ナルホド，∠P_1OQ_1 $=$∠P_2OQ_2 となるんだね。また，∠P_1OQ_2 と∠Q_1OP_2 も対頂角なので，∠P_1OQ_2 $=$∠Q_1OP_2 となるのも大丈夫だね。

図1 2つの半直線のなす角 θ

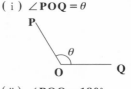

(ⅰ) ∠POQ $=\theta$

(ⅱ) ∠POQ $=180°$

$\theta = 180°$

図2 対頂角

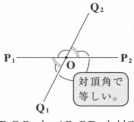

対頂角で等しい。

それじゃ次，"同位角"について，説明しよう。図3(ⅰ)に示すように，平行な2直線*l*，*m*に1本の直線*n*が斜めに交わっているとき，2つの角" 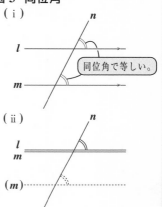 "は，"同位角で等しい"という。図3(ⅱ)に示すように，直線*m*を平行移動して，直線*l*と一致させると，これら2つの角が同じ角であることが分かると思う。

それじゃもう1つ，"錯角"についても教えよう。図4(ⅰ)に示すように，平行な2直線*l*，*m*に1本の直線*n*が斜めに交わっているとき，2つの角" "と" "は"錯角で等しい"という。これも，図4(ⅱ)に示すように，直線*m*を平行移動して，直線*l*と一致させると，これら2つの角が対頂角で等しくなることが分かるだろう。

以上のことは中学校の数学で1度は習ったと思うけれど，ここで復習しておいたんだね。

図3 同位角
(ⅰ)

同位角で等しい。

(ⅱ)

図4 錯角
(ⅰ)

錯角で等しい。

(ⅱ)

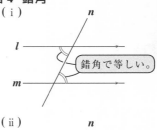

● **三角形の3つの内角の和は180°になる！**

図5に，△ABCを示しておいた。ここで，A，B，Cは△ABCの各頂点を表すと同時にそれぞれ3つの**頂角**(または，**内角**)を表すことも大丈夫だね。これは，"三角比"のところで，既に教えた。もちろん，混乱をさけるために，角度Aのことを∠Aと表してもいいよ。

図5 △ABCの3つの内角の和 180°

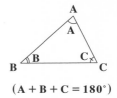

$(A + B + C = 180°)$

155

ここで，△ABC の 3 つの内角 A，B，C の和がいくつになるか？ みんな，知ってるね。そう，A + B + C = 180° となる。

でも，何故，3 つの内角の和が 180° になるかって聞かれて，答えられる？ 結構少ないね。いいよ。図 6 (i) を見てごらん。辺 BC の C 側に延長線を引き，点 C から AB と平行な半直線を引くと，錯角や同位角の関係から，A + B + C = 180° が，キレイに導けるのが分かるはずだ。

これはさらに，図 6 (ii) のように，2 つの内角の和 A + B が，C の**外角**に等しいということも意味している。これを，"1 外角は，**内対角**の和に等しい" と表現したりもするので，覚えておくといいよ。この "1 つの外角が，2 つの内対角の和" になる例を図7 (i)，(ii) に示しておいた。これで，具体的な意味もよく分かったと思う。

では次，"**相似な三角形**" について，これも中学で既に習っていると思うけれど，復習しておこう。

図 6　△ABC の 3 つの内角の和 180°

(i)

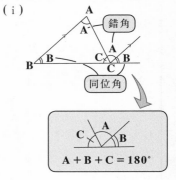

(ii)

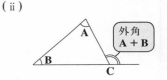

図 7　内角と外角

(i)

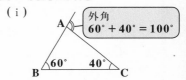

(ii)

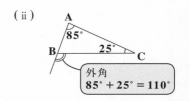

● 相似な三角形は重要だ！

大きさ (サイズ) はどうでもいいんだけれど，形が同じ図形を "**相似な図形**" というんだね。ここでは特に，相似な三角形について解説しよう。この相似な三角形からさまざまな面白い定理が導けるから，ここはシッカリ聞いてくれ。

図 8 に，相似な 2 つの三角形
△ABC と △PQR を示す。

三角形の場合，∠A ＝ ∠P かつ
∠B ＝ ∠Q のように，2 つの内角
が等しければ，この 2 つの三角
形は相似であると言えて，

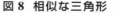

図 8　相似な三角形

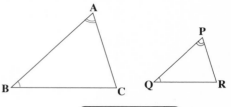

　　△ABC∽△PQR と表す。

これは "相似" を表す記号

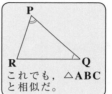

これでも，△ABC
と相似だ。

これは下図の △PQR のように，左右
対称でも回転していても，∠A ＝ ∠P
かつ∠B ＝ ∠Q ならば，△ABC∽△PQR と言えるんだよ。

　エッ，3 つ目の角同士が等しいのは言わなくていいのかって？　これは言
わなくても大丈夫だね。∠A ＝ ∠P，∠B ＝ ∠Q ならば，

$$\begin{cases} \angle C = 180° - \angle A - \angle B \\ \angle R = 180° - \angle P - \angle Q \end{cases}$$

∠A ＋ ∠B ＋ ∠C ＝ 180°
∠P ＋ ∠Q ＋ ∠R ＝ 180° より

より，∠C ＝ ∠R は自動的に言えるから，言う必要もないんだね。よって，
「2 つの内角が等しければ，三角形は相似になる。」これ，よ〜く覚えて
おいてくれ。

図 9　相似な三角形

　次，相似な三角形となるもう 1
つの条件として，

「1 つの内角と，それを挟む 2 辺
の比が等しければ，三角形は相似
になる。」

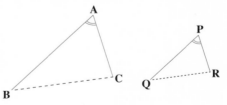

　これも重要だから是非覚えておこう。この例として，図 9 に示すように，
∠A ＝ ∠P かつ AB：PQ ＝ AC：PR であるならば，△ABC と △PQR は

1 つの内角が等しい　　それを挟む 2 辺の比が等しい　　これは，AB：AC ＝ PQ：PR でもいい

同じ形の三角形になるので，△ABC∽△PQR と言えるんだね。これも大
丈夫だね。

"△ABC と △PQR は相似" という意味

157

外項の積

ここで，$AB:PQ=AC:PR$ の比の式

内項の積

は，外項の積と内項の積が等しいので，

$AB\times PR=AC\times PQ$ と変形できることも覚えておこう。

> $AB:PQ=AC:PR$ より，
> $\frac{AB}{PQ}=\frac{AC}{PR}$
> 両辺に $PQ\times PR$ をかけて，
> $AB\times PR=AC\times PQ$

この相似な三角形の考え方から，重要な次の“**中点連結の定理**（ちゅうてんれんけつのていり）”が導かれるんだね。

中点連結の定理

△ABC の 2 つの辺 AB と AC の中点を

それぞれM，N とおくと，

(i) **MN//BC**

かつ

(ii) $MN=\frac{1}{2}BC$ ← MN の長さは BC の半分

となる。

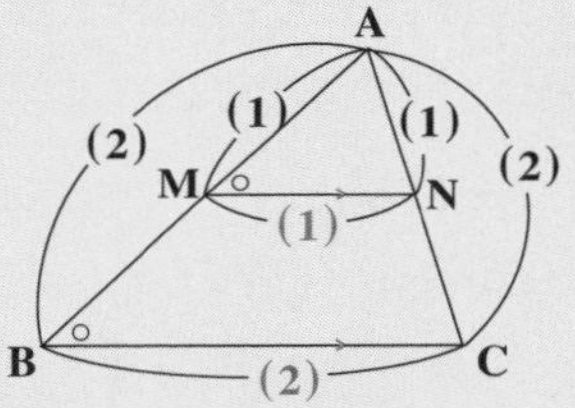

> 線分の長さの比を表すとき，(1) や (2) など，( ) を付けて表すことにしよう。
> 本当の長さは 10 と 20 かも知れないけれど，これと区別して比を表すためなんだね。

これは，△AMN と△ABC について考えるといいよ。

まず，∠A が共通で，AM : AB = AN : AC = 1 : 2 なので，

（1 つの内角が等しい）（それを挟む 2 辺の比が等しい）（相似比）

△AMN∽△ABC が言えるね。

△AMN と△ABC が相似であれば，当然対応する内角は等しいので，

∠AMN = ∠ABC となる。

（図中“○”で示した）

すると，同位角が等しいということなので，

(i) MN//BC (平行) が成り立つ。

> これは，対偶で考えるといいよ。
> “MN∦BC (平行でない) ならば，当然∠AMN ≠ ∠ABC となる”からだ。
> ∴ ∠AMN = ∠ABC ⇒ MN//BC は成り立つ。

次，△AMN と△ABC は相似比 1 : 2

の相似な三角形だから対応する辺の比はすべて 1 : 2 となる。

よって, $\overset{\frown}{\text{MN} : \text{BC}} = 1 : 2$ より, $2 \times \text{MN} = 1 \times \text{BC}$　よって,

(ⅱ) $\text{MN} = \dfrac{1}{2}\text{BC}$ も成り立つ。

では, 次の例題で, 中点連結の定理を実際に使ってみよう。

右図のような四角形 ABCD の 4 つの辺 AB, BC, CD, DA の中点をそれぞれP, Q, R, S とおく。このとき, 四角形 PQRS が平行四辺形となることを示せ。

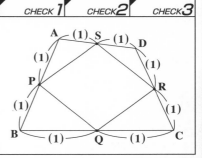

2 組の対辺が共に平行な四角形のことを平行四辺形というんだったね。そして, 平行四辺形であれば, "1 組の対辺が平行でかつ長さが等しい"という性質をもつんだけれど, 逆に"1 組の対辺が平行でかつ長さが等しい"とき, その四角形は平行四辺形であると言ってもいいんだよ。

四角形 ABCD に対角線 BD を引き, この BD により, この四角形を 2 つの三角形△ABD と△BCD に分割して考えることにしよう。ここで, 四角形 PQRS が平行四辺形であることを示すために,

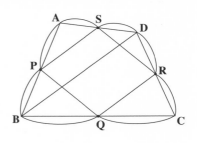

$$\begin{cases} \cdot \ \text{PS} /\!/ \text{QR} & \boxed{\text{1 組の対辺が平行でかつ長さが等しい。}} \\ \ \ \text{かつ} \\ \cdot \ \text{PS} = \text{QR} & \text{を示すことにする。} \end{cases}$$

(ⅰ) △ABD について, 2 つの辺 AB とAD の中点がそれぞれ P, S なので, 中点連結の定理より,

$$\begin{cases} \text{PS} /\!/ \text{BD} & \cdots\cdots① \\ \text{PS} = \dfrac{1}{2}\text{BD} & \cdots\cdots② \end{cases} \quad \text{が成り立つ。}$$

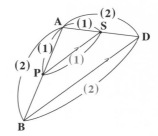

（ ii ）△**BCD** について，**2** つの辺 **CB** と

CD の中点が，それぞれ **Q, R** なの

で，中点連結の定理より，

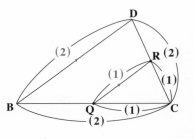

$$\begin{cases} \textbf{QR//BD} \quad \cdots\cdots\cdots ③ \\ \text{かつ} \\ \textbf{QR} = \dfrac{1}{2}\textbf{BD} \quad \cdots\cdots ④ \quad \text{となる。} \end{cases}$$

以上 （ i ）（ ii ）より，

$$\begin{cases} \cdot \textbf{PS//BD} \quad \cdots\cdots ① \text{と} \ \textbf{QR//BD} \quad \cdots\cdots ③ \quad \text{から，} \textbf{PS//QR} \\ \cdot \textbf{PS} = \dfrac{1}{2}\textbf{BD} \quad \cdots\cdots ② \text{と} \ \textbf{QR} = \dfrac{1}{2}\textbf{BD} \quad \cdots\cdots ④ \text{から，} \textbf{PS} = \textbf{QR} \end{cases}$$

よって，四角形 **PQRS** は，**1** 組の対辺が平行 (**PS//QR**) で，かつ長さが等
しい (**PS = QR**) ので，平行四辺形である。 ……………………………………(終)

どう？ 中点連結の定理を使えば，アッサリ証明できただろう？

　この相似な三角形については，中点連結の定理だけでなく，より一般的
な次の定理も成り立つ。

三角形と比

右図のように，△**ABC** と線分 **PQ**

に対して，**BC//PQ** ならば

　　　↑
「"平行" を表す記号」

次式が成り立つ。

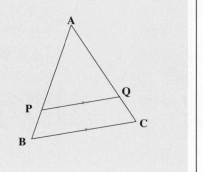

（ i ）**AP : AB = AQ : AC**

（ ii ）**AP : AB = PQ : BC**

（ iii ）**AP : PB = AQ : QC**

これは，△**APQ** と△**ABC** が相似な三角形，すなわち△**APQ** ∽ △**ABC**
より，当然相似比が等しくなることから導かれる定理なんだね。

　これは，次に解説する "内角の二等分線と辺の比" や "外角の二等分線と辺
の比" の定理の証明にも役に立つので，シッカリ頭に入れておこう。

● 三角形の内角と外角の二等分線も押さえよう！！

まず，線分を比によって分割するとき，"**内分**"と"**外分**"の**2**つがあるんだね。内分については問題ないと思うけれど，外分はよく定義を理解しよう。

内分と外分

正の数 m, n について，

(I) 内分

線分 **AB** 上に点 **P** があり **AP**：**PB**＝m：n であるとき，点 **P** は線分 **AB** を m：n に内分するという。

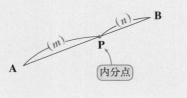

(II) 外分

線分 **AB** の延長上に点 **Q** があり，**AQ**：**QB**＝m：n であるとき，点 **Q** は線分 **AB** を m：n に外分するという。

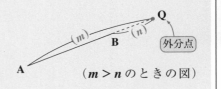

（$m > n$ のときの図）

(I) 内分について，**AP**：**PB**＝**1**：**1** の特別な場合，点 **P** を，線分 **AB** の"**中点**"と呼ぶんだね。

(II) 外分について，右上図は $m > n$ の場合なんだね。

$m < n$ の場合，線分 **AB** を外分する点 **Q** の位置は右図のようになるんだね。

これで外分のやり方も分かったと思う。では，具体的に少し練習しておこう。

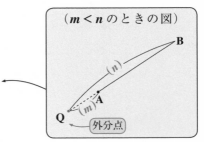

（$m < n$ のときの図）

($ex1$) 線分 **AB** を **2**：**1** に内分する点を **P** とおくと，内分点は右図のような位置にくるんだね。

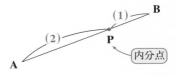

(ex2)線分 **AB** を **2：1** に外分する点
を **Q** とおくと，外分点 **Q** は右
図のような位置に存在するこ
とになる。

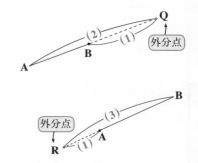

(ex3)線分 **AB** を **1：3** に外分する点
を **R** とおくと，外分点 **R** は右
図のような位置にくるんだね。

納得いった？

それでは，準備も整ったので，"**内角の2等分線と辺の比**"の定理について
解説しよう。

内角の 2 等分線と辺の比

△**ABC** の内角∠**A** の二等分線と
辺 **BC** との交点を **P** とおき，また，
AB = c, **CA** = b とおくと，

BP：PC = c：b となる。

点 **P** は，辺 **BC** を c：b に内分する！

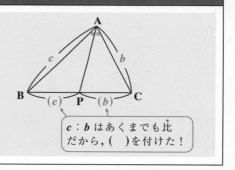

c：b はあくまでも比
だから，( )を付けた！

この定理の証明もしておこう。図 **10** に示すよ
うに，**AP** と平行な直線を点 **C** から引き，辺 **AB** の
延長線との交点を **D** とおくと，同位角と錯角の関
係から，△**ACD** は **AC** = **AD** = b の二等辺三角形
となるのが分かるだろう。

よって，**AP**//**DC**(平行)より，

図 10 内角の二等分線と辺と比

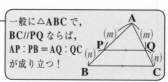

BP：PC = **BA：AD** = c：b が成り立つんだね。
つまり，点 **P** は線分 **BC** を c：b に内分する点
であることが分かったんだね。

一般に△**ABC** で，
BC//**PQ** ならば，
AP：PB = **AQ：QC**
が成り立つ！

これは，逆に，「点 **P** が辺 **BC** を c：b に内分する点であるとき，線分
AP は内角∠**A** を 2 等分する」ということも成り立つので，覚えておこう。

では次，"外角の2等分線と辺の比"の定理についても解説しよう。

外角の2等分線と辺の比

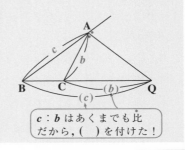

$\triangle ABC$ の $\angle A$ の外角の2等分線と辺 BC の延長線との交点を Q とおき，また，$AB=c$，$CA=b$ とおくと，

$BQ:QC=c:b$ となる。

点 Q は，線分 BC を $c:b$ に外分する！

$c:b$ はあくまでも比だから，( ) を付けた！

この定理の証明もしておこう。図11に示すように，AQ と平行な直線を点 C から引き，辺 AB の交点を D とおこう。すると，同位角と錯角の関係から，$\triangle ACD$ は $AC=AD=b$ の二等辺三角形となるんだね。

図 11 外角の2等分線と辺の比

よって，$AQ /\!/ DC$(平行) より，

$BQ:QC=BA:AD=c:b$ が成り立つんだね。

つまり，点 Q は，線分 BC を $c:b$ に外分する点であることが分かった。また，これは逆に「点 Q が辺 BC を $c:b$ に外分する点であるとき，線分 AQ は，$\angle A$ の外角を2等分する。」ということも成り立つ。これも頭に入れておこう。

では，次の練習問題で早速練習してみよう。

練習問題 42 内角・外角の2等分線と辺の比 CHECK 1 CHECK 2 CHECK 3

$AB=9$，$BC=4$，$CA=6$ の $\triangle ABC$ について，$\angle A$ の2等分線と辺 BC との交点を P，$\angle A$ の外角の2等分線と辺 BC の延長との交点を Q とおく。線分 PQ の長さを求めよ。

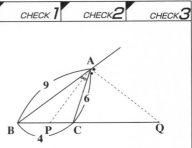

$PQ = PC + CQ$ より，PC と CQ をそれぞれ求めてみよう。

(i) 線分 PC の長さについて，$AB = c = 9$，$CA = b = 6$ とおくと，$\angle A$ の 2 等分線と辺 BC との交点 P は，辺 BC を $c : b = 9 : 6 = 3 : 2$ に内分する。

よって線分 PC の長さは，

$$PC = \underset{\boxed{4}}{BC} \times \frac{2}{3+2} = 4 \times \frac{2}{5} = \frac{8}{5} \cdots\cdots ① \qquad となるんだね。$$

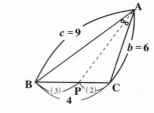

(ii) 線分 CQ の長さについて，$\angle A$ の外角の 2 等分線と辺 BC の延長との交点 Q は，辺 BC を右図のように，$c : b = 9 : 6 = 3 : 2$ に外分するんだね。

よって，

$BC : CQ = 1 : 2$ となる。

$$CQ = 2 \times \underset{\boxed{4}}{BC} = 2 \times 4 = 8 \cdots\cdots ② \qquad となるんだね。$$

以上 (i)(ii) の①，②より，求める線分 PQ の長さは，

$$PQ = PC + CQ = \frac{8}{5} + 8 = \frac{8+40}{5} = \frac{48}{5} \qquad となる。\quad 大丈夫？$$

これで，内角や外角の 2 等分線と辺の比の定理についても，その使い方が分かったと思う。

それでは最後に，三角形の基本中の基本である **"辺と角の大小関係"** と **"三角形の 3 辺の長さの関係"** について解説しよう。

● 三角形の辺と角の大小は連動する！

図 12 に示すような △ABC について，

∠B＜∠C の関係があるとき，その対
　小　　大

辺である $b(=CA)$，$c(=AB)$ につい

ても，$b＜c$ の関係が成り立つんだね。
　　小　大

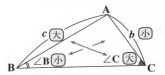

図 12　辺と角の大小関係

逆に，$b＜c$ ならば，∠B＜∠C となることも言える。

ここでは，この逆命題：「$b＜c$ ⇒ ∠B＜∠C」となることを証明しておこう。

$b＜c$，すなわち CA＜AB のとき，図

13 に示すように，AC＝AD となるよ

うな点 D を辺 AB 上にとることができ

る。△ADC は二等辺三角形より，当然

∠ACD＝∠ADC ……①

となる。

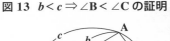

図 13　$b＜c$ ⇒ ∠B＜∠C の証明

ここで図 13 に示すように，∠BCD＝α

とおくと，

・∠C＝∠ACD＋α ……② であり，

・∠B＝∠ADC－α ……③ となる。

∠ACD(①より)

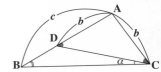

外角∠ADC

外角∠ADC＝∠B＋α

ここで，①より ∠ADC＝∠ACD だから，

②，③から

∠C＝∠ACD＋α ＞ ∠ACD－α＝∠B となって，

∠B＜∠C なることが示せるんだね。納得いった？

元の命題：「∠B＜∠C ⇒ $b＜c$」も同様に示せるので，自分でチャレン

ジしてみるといいよ。ここでは，この元の命題も成り立つものとして，次

のテーマ，すなわち三角形の 3 辺の長さの関係について解説することにし

よう。

● 三角形の3辺の長さの関係も押さえよう！

三角形の3辺の長さについては，次の関係がある。

三角形の3辺の長さの関係

三角形の1辺の長さは，（ i ）他の2辺の和より小さく，かつ

（ ii ）他の2辺の差よりも大きい。

右図の△ABC の例で言えば，これは，

$|b-c| < a < b+c$ ……（ ＊ ）と表せる。

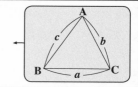

他の2辺の差　　他の2辺の和

これは，もし $b < c$ ならば，$b-c$ は負となり，正の数 a がこれより大となるのは当り前なんだね。よって，他の2辺の差は，この絶対値をとって正としたもの，すなわち $|b-c|$ よりも a は大きいというのが，（ ii ）の条件になる。

もちろん，三角形の3辺の長さの関係は，（ ＊ ）の代わりに，

$|c-a| < b < c+a$ と表しても，$|a-b| < c < a+b$ と表しても構わない。

それでは，（ ＊ ）が成り立つことを証明してみよう。

　図 14（ i ）に示すように，△ABC の辺 BA の延長上に，AC＝AD となるように点 D をとると，△ACD は AC＝AD(＝b) の二等辺三角形になる。よって，∠ACD ＝∠ADC となるので，等しいこの2つの角を α とおこう。

　すると，図 14（ ii ）に示すように，△DBC で考えると，

図 14　3辺の長さの関係の証明

（ i ）

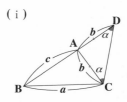

（ ii ）

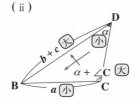

$$\underset{\underset{\alpha}{\underline{}}}{\angle BDC} < \underset{\underset{\alpha + \angle C}{\underline{}}}{\angle BCD}$$

となるので，それぞれの角の対辺の大小関係も，

$a < b+c$ ……① であることが示せるんだね。

同様にして，

$b < c+a$ ……②

$c < a+b$ ……③

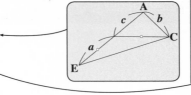

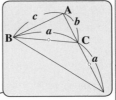

も導くことができる。

ここで，②，③より，
$$\begin{cases} \underline{b-c < a} & \text{……②}' \\ \underline{c-b < a} & \text{……③}' \end{cases} \quad \text{となる。}$$

さらに，$|b-c| = \begin{cases} b-c & (b \geqq c \text{ のとき}) \\ -(b-c) & (b < c \text{ のとき}) \end{cases}$ より

②′，③′はまとめて，$|b-c| < a$ ……④ と表すことができる。

以上①，④より，$|b-c| < a < b+c$ ……（＊） が導かれるんだね。

納得いった？

　ここで，もし $a > b+c$，つまり，1辺 a が，他の2辺の和 $b+c$ より大きい場合どうなのか？……，そうだね，右図のようになって，三角をつくることはできないんだね。つまり，（＊）は，

$\begin{pmatrix} a > b+c \text{ だと，} \\ 三角形が作れな〜い！ \end{pmatrix}$

3辺による三角形の成立条件ということだったんだね。

　以上で，三角形の基本についての講義は終了です。今日の内容は知識としてみんな既に知っていることも多かったと思う。でも，「何事も基本が大切！」だから，今日習った内容もシッカリ復習しておいてくれ。そうすれば次回は，より本格的な三角形の性質について解説するけれど，十分についてこれるはずだ。

　それでは，次回まで，みんな元気でな…。

やっぱりこれっ！
このマーク！

11th day　三角形の五心，チェバ・メネラウスの定理

　みんな，おはよう！ 前回から，"**図形の性質**" の講義に入ったんだけど，前回は
中学数学の復習も兼ねた基本の解説だったんだね。だから，今日からが，本格的な
"**図形の性質**" の講義になるんだよ。

　今回はまず，"**重心**"，" **外心**"，"**内心**" など，三角形の五心についても話そう。
さらに，"**チェバの定理**"，"**メネラウスの定理**" についても教えるつもりだ。
今回も，1つ1つていねいに解説するから，シッカリ学習しよう！

● 重心 G は，3 本の中線の交点だ！

　まず，三角形の**重心**について話そう。
図1に示すように，△ABC の頂点 A と，その対
辺である辺 BC の中点 L(辺 BC を 1：1 に内分
する点) とを結ぶ線分 AL を "**中線**" という。
三角形の場合，3 つの頂点からそれぞれ 3 本の
中線が引けるのが分かるだろう。

　実は，この 3 本の中線は，図2に示すように 1
点で交わる。この 3 本の中線の交点を三角形の
"**重心**" と呼び，G で表す。そして，この重心 G
は，3 本の中線をいずれも 2：1 に内分すること
を覚えておこう。

つまり，図2の例で言うと，

AG：GL＝BG：GM＝CG：GN＝2：1 になる。

では，重心 G について，次にまとめておこう。

図 1　三角形の中線

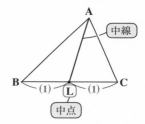

図 2　△ABC の重心 G

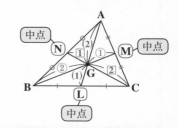

△ABC の重心 G

　△**ABC** の重心 **G** は，3 つの頂点 **A, B, C**
から出る 3 本の中線の交点である。

$\left(\begin{array}{l}各中線は，重心 \textbf{G} により，右図のよう \\ に 2：1 に内分される。\end{array}\right.$

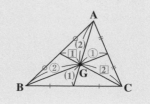

　何故 3 本の中線が重心 **G** で交わるのか？また，何故各中線を **G** が 2：1 に内分するのか？については，“**チェバの定理**”，“**メネラウスの定理**”を使えば，1 発で証明できる。後で詳しく解説しよう。

● 外心 **O** は，三角形の外接円の中心だ！

　図 3 に示すように，一般に△**ABC** が与えられたら，この三角形の 3 つの頂点 **A, B, C** を通る円が必ず存在するね。この△**ABC** に 3 頂点で外接する円のことを“<ruby>外接円<rt>がいせつえん</rt></ruby>”という。そして，その中心を“<ruby>外心<rt>がいしん</rt></ruby>”と呼び，これを **O** で表す。

　図 4(ⅰ) に示すように，△**ABC** の 3 つの辺 **BC, CA, AB** の垂直二等分線は必ず 1 点で交わる。この交点が△**ABC** の外心 **O** になる。何故なら，図 4(ⅱ) に示すように，3 つの二等辺三角形△**OBC**，△**OCA**，△**OAB** ができて，**OA＝OB ＝OC＝R**(外接円の半径) となるから，**O** を中心として，△**ABC** に外接する半径 **R** の円が描けることになるからだ。

図 3　三角形の外接円

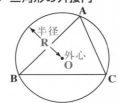

図 4(ⅰ)　△**ABC** の外心 **O**

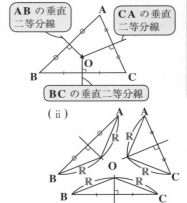

△**ABC** の外心 **O**

　△**ABC** の外心 **O** は，3 辺 **BC, CA, AB** の垂直二等分線の交点で，△**ABC** の外接円の中心になる。

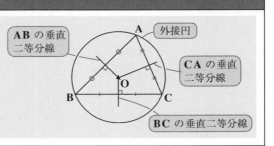

　また，この外接円の半径 **R** に関する重要公式として，“<ruby>三角比<rt>さんかくひ</rt></ruby>”で勉強した“<ruby>正弦定理<rt>せいげんていり</rt></ruby>” $\dfrac{a}{\sin A}=\dfrac{b}{\sin B}=\dfrac{c}{\sin C}=2R$ （$a＝$**BC**, $b＝$**CA**, $c＝$**AB**）

169

があることも忘れてはいけないよ。数学って，勉強が進むと，さまざまな知識が融合していくことになるんだね。

● 内心 I は，三角形の内接円の中心だ！

図 5 (i) に示すように，△ABC が与えられたならば，その 3 辺 BC，CA，AB に接する円が存在する。この円を△ABC の "内接円" と呼び，内接円の半径は *r* で表す。そして，この内接円の中心を△ABC の "内心" と呼び，I で表すんだよ。

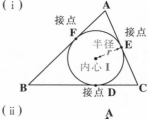

図 5　△ABC の内心 I
（ i ）

この内心 I は，図 5 (ii) に示すように △ABC の 3 つの頂角∠A，∠B，∠C の二等分線の交点として求めることが出来る。これは I と，3 つの接点 D，E，F とを結ぶ線分 ID，IE，IF で△ABC を分割すると，図 5 (iii) に示すように，3 つのパーツが出来る。(ここで，ID と BC，IE と CA，IF と AB は垂直になる。)

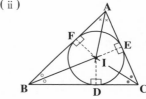

（ ii ）

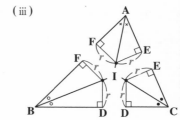

（ iii ）

このパーツの 1 つ，四角形 IFBD について考えよう。図 6 に示すように，これに対角線 IB を引いて，さらに 2 つの直角三角形 △IBF と△IBD に分割すると，これらは，IB が共通で，かつ∠IBF = ∠IBD　の直角

図 6　四角形 IFBD

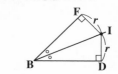

三角形なので，もう 1 組の角も∠BIF = ∠BID となる。

よって，一辺とその両端の角が等しい三角形は "合同" になるのは大丈夫？形だけでなく，大きさもまったく同じ三角形になる。これが "合同" の意味で，△IBF と△IBD は合同なので，

△IBF ≡ △IBD と表すことも，いいね。

> "合同" を表す記号

よって，対応する辺の長さはすべて等しいので，IF = ID = *r* (内接円の

半径) となるんだね。

　これ以外の **2** つのパーツ, 四角形 **IDCE** と四角形 **IEAF** についても, それぞれに三角形の合同を使うことにより,

　　ID = IE = *r*, IE = IF = *r* が導ける。

よって, △**ABC** の各頂角の二等分線の交点が内心 **I** となり, **3** つの辺 **BC, CA, AB** とそれぞれ **D, E, F** で接する半径 *r* の内接円が描けることが分かっただろう？

　それでは, 内心 **I** についても, その基本をまとめて下に示そう。

△**ABC** の内心 **I**

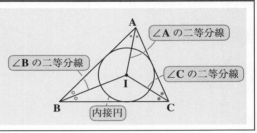

△**ABC** の内心 **I** は, **3** つの頂角 ∠**A**, ∠**B**, ∠**C** の二等分線の交点で, △**ABC** の内接円の中心になる。

∠**A** の二等分線
∠**B** の二等分線
∠**C** の二等分線
内接円

この三角形の内接円の半径 *r* についても, "三角比" のところで勉強した

公式 $S = \dfrac{1}{2}(a + b + c) \cdot r$　（S：△**ABC** の面積, *a* = BC, *b* = CA, *c* = AB）

があることを忘れないでくれ！

● 垂心とは, 3 つの垂線の交点だ！

　図 **7** に示すように, △**ABC** が与えられた場合, **3** つの頂点 **A**, **B**, **C** からそれぞれの対辺（または, その延長）に向けて垂線を引くことができる。そして, これら **3** つの垂線は図 **7** に示すように **1** 点で交わる。この **3** つの垂線の交点を "**垂心**" というんだね。

図 7　△ABC の垂心 H

B　　　　C

A

H

　では何故 **3** つの垂線はただ **1** つの点, すなわち垂心で交わるのか？知りたいだろうね。そのためには, **3** つの頂点 **A**, **B**, **C** を通り, それぞれの対辺と平行な直線を引いてみるといい。

そして，図8に示すように，これら3つの直線の交点を**P**，**Q**，**R**とおくことにしよう。すると

図8　垂心Hの意味

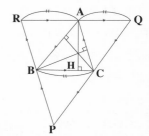

- **RA // BC** かつ **AC // RB**

  より，四角形**ARBC**は平行四辺形となる。よって，平行四角形の対辺の長さは等しいので，

  RA = BC ……①　　となる。

- 同様に，**AQ // BC** かつ **AB // QC** より，四角形**ABCQ**も平行四辺形となる。よって，この対辺の長さは等しいので，

  AQ = BC ……②　　となる。

  よって，①，②より，**RA = AQ** ……③　　が成り立つんだね。

  ここで，**RQ // BC** で，**AH ⊥ BC** より

  　　　　AH ⊥ RQ ……④　　も導かれる。

以上③，④より，直線**AH**は，右図に示すように，△**PQR**で見たとき，辺**RQ**の垂直二等分線になっているんだね。

これまでと同様に考えれば，右上図に示すように，

- 直線**BH**は，辺**PR**の垂直二等分線であり，かつ，
- 直線**CH**は，辺**QP**の垂直二等分線であることが，

  示せるんだね。

つまり，△**PQR**の外心が△**ABC**の垂心**H**と一致することになる。よって，△**ABC**の各頂点から対辺に下ろした3つの垂線は1点，すなわち垂心**H**で交わることが，分かったんだね。大丈夫？

それでは，△**ABC**の垂心**H**についても，その基本をまとめて示しておこう。

△ABC の垂心 H

△ABC の各頂点からそれぞ
れの対辺に下ろした 3 つの垂
線はただ 1 つの点で交わる。
この交点を垂心という。

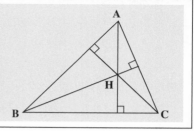

● **傍心と傍接円も押さえておこう！**

図9(i)に示すように，△ABC が与えられ
たとき，∠B と∠C それぞれの外角の 2 等分
線を引き，その交点を E_A とおこう。すると，
点 E_A を中心として，辺 BC と，辺 AB，辺
AC の延長に接する円を描くことができるんだ
ね。この点 E_A を∠A に対する "**傍心**" といい，
この円を∠A に対する "**傍接円**" と呼ぶ。何
故，傍心 E_A を中心とするこのような傍接円が
描けるのか？についても解説しておこう。

図9(i)に示すように，傍接円と辺 BC，お
よび辺 AB と辺 AC の延長との接点をそれぞ
れ P，Q，R とおく。そして，図9(ii)のよ

図9 △ABC の傍心 E_A

(i)

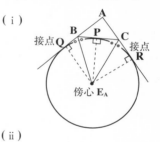

(ii)

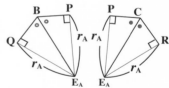

うに，四角形 BQE$_A$P と，四角形 CPE$_A$R に分割して考えよう。

・ここで，四角形 BQE$_A$P を線分 BE$_A$ により，2 つの直角三角形△ BQE$_A$
　と△ BPE$_A$ にさらに分割すると，これらは，BE$_A$ が共通で∠QBE$_A$ =
　∠PBE$_A$ なので，合同な直角三角形となる。よって，E$_A$Q = E$_A$P = r_A
　（傍接円の半径）とおける。

・同様に，四角形 CPE$_A$R を分割してできる 2 つの直角三角形△ CPE$_A$ と

△CRE$_A$ が合同であると言えるので，E$_A$P = E$_A$R = r_A（傍接円の半径）が成り立つんだね。

よって，傍心 E$_A$ を中心とし，辺 BC と，辺 AB，辺 AC の延長と接する半径 r_A の傍接円が描けることが，分かったと思う。

さらに，図 10 に示すように，頂点A と傍心 E$_A$ を結ぶ直線が，内角∠A を 2 等分することも分かるね。何故なら，四角形AQE$_A$R を AE$_A$ で分割してできる 2 つの直角三角形△AQE$_A$ と △ARE$_A$ について見てみると，AE$_A$ が共通で，E$_A$Q = E$_A$R より，これら2 つは合同な直角三角形であることが言えるからだ。これから∠E$_A$AQ = ∠E$_A$AR より，線分AE$_A$ が内角∠A を 2 等分することも示せたんだね。納得いった？

それでは，以上のことをまとめて，下に示そう。

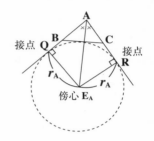

図 10　△ABC の傍心 E$_A$

△ABC の∠A に対する傍心 E$_A$

△ABC の内角∠A の 2 等分線と，∠B と∠C のそれぞれの外角の 2 等分線は，1 点で交わる。この点を E$_A$ とおくと，E$_A$ を中心とし，辺 BC と，辺 AB と辺 AC の延長に接する円を描くことができる。

この点（中心）E$_A$ を∠A に対する傍心と呼び
この円を，∠A に対する傍接円と呼ぶ。

ン？「∠A に対する傍心 E$_A$ や傍接円」と言うことは，「∠B に対する傍心 E$_B$ や傍接円」や「∠C に対する傍心 E$_C$ や傍接円」もあるんじゃないかって！？いい勘してるね。その通り！次の図 11 に，まとめて示しておこう。

図 11 に示すように，一般に△ABC には，それぞれの内角に対する 3 つの傍心と傍接円が存在することに気を付けよう。

以上学んだ重心，外心，内心，垂心，傍心の 5 つを三角形の 5 心という。三角形の問題を解く上で，重要なキー・ポイントとなるものだから，シッカリ頭に入れておこう。

図 11 △ABC の 3 つの傍心と傍接円

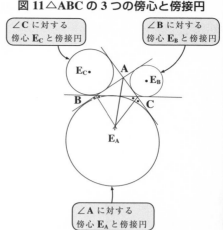

∠C に対する傍心 E_C と傍接円

∠B に対する傍心 E_B と傍接円

∠A に対する傍心 E_A と傍接円

● チェバの定理にチャレンジしよう！

では，これから，"**チェバの定理**"について解説しよう。これは，三角形の内分比に関する重要な定理なんだね。

チェバの定理

△**ABC** の 3 つの頂点から 3 本の直線が出て，1 点で交わるものとする。この 3 本の直線と各辺との交点を右図のように **D, E, F** とおく。ここで，この **D, E, F** により，3 辺が

$$\begin{cases} BD : DC = ① : ② \\ CE : EA = ③ : ④ \\ AF : FB = ⑤ : ⑥ \end{cases} \text{ の比で}$$

内分されるとき，

$$\frac{②}{①} \times \frac{④}{③} \times \frac{⑥}{⑤} = 1 \quad \text{が成り立つ。}$$

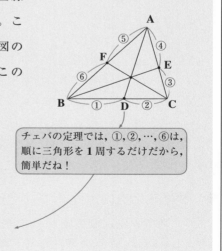

チェバの定理では，①，②，…，⑥は，順に三角形を 1 周するだけだから，簡単だね！

チェバの定理では，△ABC の 3 頂点から出た 3 本の直線が 1 点で交わり，かつそれらの直線と各辺との交点により内分比がそれぞれ ①：②，③：④，⑤：⑥ の場合，

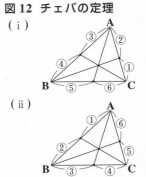

図 12 チェバの定理

（ⅰ）

（ⅱ）

$\dfrac{②}{①} \times \dfrac{④}{③} \times \dfrac{⑥}{⑤} = 1$ が成り立つんだね。この ①，②，…，⑥ の取り方は，△ABC を一周すればいいだけだから，図 12 などのように取ってもかまわない。

それでは，チェバの定理を使って，次の例題を解いてみてごらん。

(ex1) 右図のように，△ABC の 3 頂点から出た直線が 1 点で交わり，それらの直線と各辺との交点を D，E，F とおく。
BD：DC ＝ 3：2，CE：EA ＝ 1：2 のとき，AF：FB の比を求めよう。

ここで，AF：FB ＝ m：n とおき，△ABC にチェバの定理を用いると，

$$\dfrac{2}{3} \times \dfrac{2}{1} \times \dfrac{n}{m} = 1$$

$$\dfrac{4}{3} \times \dfrac{n}{m} = 1$$

両辺に $\dfrac{3}{4}$ をかけた！

$$\dfrac{n}{m} = \dfrac{3}{4}$$

右図のように ①，②，…，⑥ を取って，チェバの定理：
$\dfrac{②}{①} \times \dfrac{④}{③} \times \dfrac{⑥}{⑤} = 1$
を用いた！

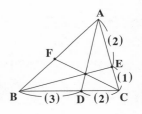

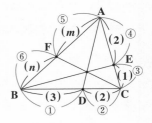

よって，m が 4 のとき n は 3 なので，m：n ＝ 4：3 となる。

∴ AF：FB ＝ m：n ＝ 4：3 と答えが出てきた！

どう？ すごく簡単だっただろう？

● メネラウスの定理は，"行って，戻って，…" の要領だ！

次，"メネラウスの定理" についても解説しよう。これは，"チェバの定理" と同様に，ある線分の比をそれぞれ，①：②，③：④，⑤：⑥ とおくと，

176

$\dfrac{②}{①} \times \dfrac{④}{③} \times \dfrac{⑥}{⑤} = 1$　となる公式なんだけれど，この①，②，…，⑥の取り方が"チェバの定理"より複雑なので，まず要領をシッカリ覚えよう！

メネラウスの定理

右図のように，三角形の**2**つの頂点から出た**2**本の直線により，各線分の比が①：②，③：④，⑤：⑥になるものとする。

この辺の内分点の**1**つを出発点として，

(i) ①で行って，②で戻り，

(ii) ③，④とそのまま行って，

(iii) ⑤，⑥と中に切り込んで，

最後は，元の出発点に戻るとき，

$\dfrac{②}{①} \times \dfrac{④}{③} \times \dfrac{⑥}{⑤} = 1$　が成り立つ。

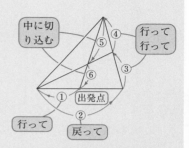

メネラウスの定理では，①（行って），②（戻って），③，④（行って，行って），⑤，⑥（中に切り込む）と覚えればいいんだよ！

メネラウスの定理では，「行って，戻って，行って，行って，中に切り込む」と覚えれば忘れないはずだ。エッ，まだ不安？　いいよ，下にいくつか例を示すからそれで，慣れちゃいなさい。

図13　メネラウスの定理

(i)　　　　　　　　(ii)　　　　　　　　(iii)　　　　　　　　(iv)

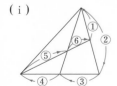 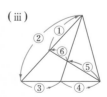 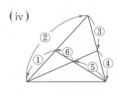

どう？　この位示せば納得いった？　後は，実際にこの公式を使ってみよう。

(ex2) 右図のように，△ABC の**2**頂点 A, B から出た**2**直線が点 P で交わり，この**2**直線と各対辺との交点を D, E とおく。BD：DC ＝ **1**：**2**，CE：EA ＝ **3**：**2** のとき，AP：PD の比を求めよ。

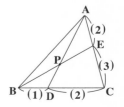

177

$\mathrm{AP} : \mathrm{PD} = m : n$ とおくと，「行って，戻って，
行って，行って，中に切り込む！」の要領で①，
②，…，⑥を考えると，メネラウスの定理が
うまく使えるんだね。よって，

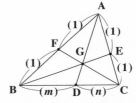

$$\overset{\overbrace{1+2}}{\underset{1}{\boxed{3}}} \times \frac{2}{3} \times \frac{n}{m} = 1 \quad \longleftarrow$$

メネラウスの定理：
$\dfrac{②}{①} \times \dfrac{④}{③} \times \dfrac{⑥}{⑤} = 1$ を用いた！

$$2 \cdot \frac{n}{m} = 1 \qquad \therefore \frac{n}{m} = \frac{1}{2} \text{ より，} m : n = 2 : 1$$

よって，$\mathrm{AP} : \mathrm{PD} = m : n = 2 : 1$ となるんだね。納得いった？

$(ex3)$ では，**P168** で解説した重心 **G**
の基本性質を証明しておこう。
　右図のように，$\triangle \mathrm{ABC}$ の辺 **AB**
と辺 **CA** の中点をそれぞれ **F** と
E とおき，2 直線 **BE** と **CF** の
交点を **G** とおく。そして，直線 **AG** と辺 **BC** との交点を **D** とする
とき $\mathrm{BD} : \mathrm{DC} = \underline{m : n}$ とおいて，この比をチェバの定理を使って

> この結果が，**1 : 1** となることを，ボク達は知ってるんだけどね。

求めてみよう。すると，

$$\frac{n}{m} \times \frac{1}{1} \times \frac{1}{1} = 1 \quad \cdots ① \quad \text{より}$$

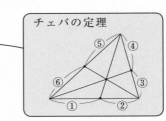

チェバの定理

$$\frac{n}{m} = 1, \text{ つまり，} m : n = 1 : 1$$

となって，$\mathrm{BD} : \mathrm{DC} = 1 : 1$ が導けた。これは，3 つの頂点 **A**，**B**，
C から出る 3 本の中線が 1 点（重心）**G** で交わることを示している
んだね。

　次に，$\mathrm{AG} : \mathrm{GD} = \underline{s : t}$ とおいて，この比をメネラウスの定理を使っ

> この結果が，**2 : 1** となることも，ボク達は知ってるんだけどね。

て求めてみよう。すると，$m : n = 1 : 1$ が分かっているので，

$(1+1)$

$$\frac{\overset{2}{②}}{①} \times \frac{1}{1} \times \frac{t}{s} = 1 \quad \cdots ② \quad \text{より,}$$

$\dfrac{t}{s} = \dfrac{1}{2}$ よって, $s:t=2:1$ となって,

AG：GD＝2：1 が導けた。これは，中線 **AD** を
重心 **G** が **2：1** に内分することを示しているん
だね。他の中線についても同様だから，自分で確認してみるといいよ。

　このように，チェバの定理，メネラウスの定理は，非常に役に立つこと
が分かったと思う。ン？でも，これらの定理が本当に成り立つのか？証明
してないだろうって!?そうだね。これから，メネラウスの定理，チェバ
の定理の順に，練習問題の形で証明しておこう。

練習問題 43　　メネラウスの定理の証明　　CHECK **1**　　CHECK**2**　　CHECK**3**

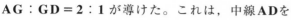

右図のように△**ABC** の **2** 頂
点 **A**，**B** から出た **2** 本の線分
AD，**BE** により，メネラウス
の定理：

$$\frac{②}{①} \times \frac{④}{③} \times \frac{⑥}{⑤} = 1 \quad \cdots\cdots(*1)$$

が成り立つことを，点 **D** から
BE と平行になるように引いた線分 **DF** を用いて証明せよ。
（ただし，**AD** と **BE** の交点を **P**，また，**EF：FC ＝ ㋐：㋑** とおいた）

---

2 組の相似な三角形△**CEB** と△**CFD**，および△**ADF** と△**APE** の相似比を使えば，
比較的楽に証明できる。

　右図に示すように，△**CEB** と
△**CFD** は∠**C** を共有し，**BE//DF**
より，△**CEB** ∽△**CFD**（相似）
となる。よって，対応する辺の相
似比は等しいので，

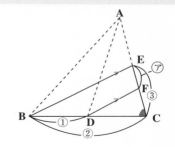

①：② ＝ ⑦：③ ，すなわち

$$\frac{②}{①} = \frac{③}{⑦} \quad \cdots (a)\ \text{が成り立つ。}$$

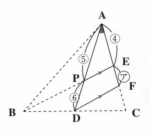

次，△ADF と △APE についても，右図に示すように，∠DACを共有し，PE∥DF（平行）より，△ADF ∽ △APE（相似）となる。

よって，対応する辺の相似比は等しいので，

⑤：⑥ ＝ ④：⑦ ，すなわち

$$\frac{⑥}{⑤} = \frac{⑦}{④} \quad \cdots (b)\ \text{が成り立つ。}$$

よって，(a) と (b) の左右両辺をそれぞれかけ合わせると，

$$\frac{②}{①} \times \frac{⑥}{⑤} = \frac{③}{⑦} \times \frac{⑦}{④} \qquad \text{両辺に} \frac{④}{③} \text{をかけると，}$$

メネラウスの定理：$\dfrac{②}{①} \times \dfrac{④}{③} \times \dfrac{⑥}{⑤} = 1$ …(*1) が，キレイに導けるんだね。

納得いった?

では，このメネラウスの定理を使って，チェバの定理も証明しよう。

練習問題 44	チェバの定理の証明	CHECK *1*	CHECK*2*	CHECK*3*

右図のように△ABC の 3 項点
A，B，C から出た 3 本の線分
AD，BE，CF が 1 点 P で交わるとき，チェバの定理：

$$\frac{②}{①} \times \frac{④}{③} \times \frac{⑥}{⑤} = 1 \quad \cdots\cdots(*2)$$

が成り立つことをメネラウスの
定理を用いて証明せよ。

（ただし，AP：PD ＝ ⑦：① とおいた。）

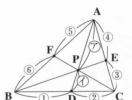

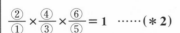

⑦：①を使う**2**組のメネラウスの定理を用いれば，チェバの定理も簡単に証明できるんだね。頑張ろう！

　右図に示すように，△**ABC**と線分**AD**，**BE**に対してメネラウスの定理を用いるよ。

$$\frac{①+②}{①}\times\frac{④}{③}\times\frac{⑦}{⑦}=1 \quad \cdots\cdots (a)$$

となる。

さらに，右図に示すように，△**ABC**と線分**AD**，**CF**に対してメネラウスの定理を用いると，

$$\frac{①+②}{②}\times\frac{⑤}{⑥}\times\frac{⑦}{⑦}=1 \quad \cdots\cdots (b)$$

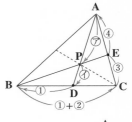

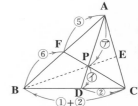

となる。

よって，$(a)\div(b)$による割り算を行うと，

$$\frac{①+②}{①}\times\frac{④}{③}\times\frac{⑦}{⑦}\div\left(\frac{①+②}{②}\times\frac{⑤}{⑥}\times\frac{⑦}{⑦}\right)=\frac{1}{1}^{\,1}$$

$$\frac{①+②}{①}\times\frac{④}{③}\times\frac{⑦}{⑦}\times\left(\frac{②}{①+②}\times\frac{⑥}{⑤}\times\frac{⑦}{⑦}\right)=1$$

> 割り算は，逆数をとって，かけ算にすればいいんだね。

これをまとめると，チェバの定理：$\dfrac{②}{①}\times\dfrac{④}{③}\times\dfrac{⑥}{⑤}=1$ $\cdots(*2)$

もキレイに導くことが出来るんだね。面白かった？

　それでは最後にもう**2**題，三角形の内心**I**とメネラウスの定理が組み合わされた問題と，チェバの定理とメネラウスの定理の融合問題を解いてみよう。定理や公式は，証明も大事だけれど，これらを実際に使って問題を解くことにより，慣れていくことがとても大切なんだね。

右図に示すように，**AB = 5, BC = 6,**
CA = 3 の△ABC があり，△ABC
の内心を **I** とする。直線 **AI** と辺 **BC**
との交点を **D** とおき，また直線 **BI** と
辺 **CA** との交点を **E** とおく。
このとき，次の線分の比を求めよ。

(ⅰ) **AI : ID** 　(ⅱ) **BI : IE**

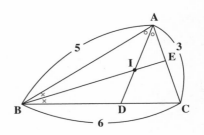

線分 **AD** は，頂角(内角)∠A の **2** 等分線なので，**BD : DC = AB : AC = 5 : 3** となる。
同様に，**CE : EA = 6 : 5** となる。これから，メネラウスの定理を用いて，線分の比
(ⅰ) **AI : ID** (ⅱ) **BI : IE** を求めることができるんだね。頑張ろう！

△ABC の内心を **I** とおくと，
右図に示すように，

・線分 **AD**(または，**AI**)は，頂角∠A
　の **2** 等分線なので，

$$BD : DC = \underset{⑤}{\underline{AB}} : \underset{③}{\underline{AC}} = 5 : 3 \text{ である。}$$

・線分 **BE**(または，**BI**)は，頂角∠B
　の **2** 等分線なので，

$$CE : EA = \underset{⑥}{\underline{BC}} : \underset{⑤}{\underline{BA}} = 6 : 5 \text{ である。}$$

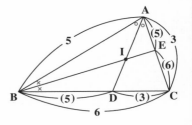

(ⅰ) よって，**AI : ID =** *m* **:** *n* とおくと，
　　図(ⅰ)より，メネラウスの定理を
　　用いて，

$$\frac{5+3}{5} \times \frac{5}{6} \times \frac{n}{m} = 1$$
$$\left[\frac{②}{①} \times \frac{④}{③} \times \frac{⑥}{⑤} = 1 \right]$$

図(ⅰ) **AI : ID =** *m* **:** *n*

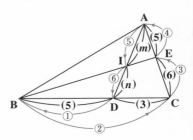

$$\frac{8}{\cancel{5}} \times \frac{\cancel{5}}{6} \times \frac{n}{m} = 1 \qquad \frac{n}{m} = \frac{6}{8} = \frac{3}{4}$$

∴ 求める 2 つの線分の比 AI : ID は,

　AI : ID = m : n = 4 : 3 となるんだね。大丈夫?

(ii) 次に BI : IE = s : t

とおくと, 図 (ii) より,

メネラウスの定理を

用いて,

$$\frac{5+6}{5} \times \frac{5}{3} \times \frac{t}{s} = 1$$

$$\left[\frac{②}{①} \times \frac{④}{③} \times \frac{⑥}{⑤} = 1 \right]$$

図 (ii)　BI : IE = s : t

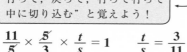

"行って, 戻って, 行って行って
中に切り込む" と覚えよう!

$$\frac{11}{\cancel{5}} \times \frac{\cancel{5}}{3} \times \frac{t}{s} = 1 \qquad \frac{t}{s} = \frac{3}{11}$$

∴ 求める 2 つの線分の比 BI : IE は,

　BI : IE = s : t = 11 : 3 となって, 答えだ!

参考

直線 CI と辺 AB との交点を F とおくと, AF : FB = CA : CB = 3 : 6 = 1 : 2 となる。よって, 同様に, メネラウスの定理を使って CI : IF の比を求めることができる。答えは, CI : IF = 9 : 5 となるんだね。これで間違いないか, 自分でも確認してみよう!

右図に示すように，$AB = \sqrt{3}$，$BC = 2$，$CA = 1$ で，$\angle A = 90°$ の直角三角形 $\triangle ABC$ がある。頂点A から辺BC に下した垂線の足をP，辺AC の中点をQ とおき，線分AP と線分BQ の交点をR とおく。また，直線CR と辺AB の交点をS とおく。

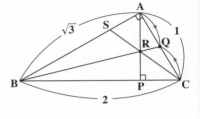

(1) 線分PC の長さを求めよ。

(2) 次の2 つの線分の長さの比を求めよ。(ⅰ) AS：SB，(ⅱ) AR：RP

(1)$\triangle APC$ は，$AP : PC : CA = \sqrt{3} : 1 : 2$ で，$\angle APC = 90°$ の直角三角形であることに着目しよう。(2)(ⅰ) では，$AS : SB = m : n$ とおいて，チェバの定理を利用しよう。また，(ⅱ) では，$AR : RP = u : v$ とおいてメネラウスの定理を利用すればいいんだね。

(1) 図1 に示すように，$\triangle APC$ に着目すると，

これは辺の比が，$AP : PC : CA = \sqrt{3} : 1 : 2$

で$\angle APC = 90°$ の直角三角形より，

$$\underset{\boxed{CA}}{PC : 1} = 1 : 2 \quad よって，\quad 2 \cdot PC = 1^2$$

$$\therefore PC = \frac{1}{2} \quad である。$$

図1

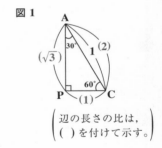

$$\binom{辺の長さの比は，}{（\ ）を付けて示す。}$$

(2) (ⅰ) 比 AS：SB について，

図2 に示すように，

$$BP = BC - PC = 2 - \frac{1}{2} = \frac{3}{2}$$

$$\therefore BP : PC = \frac{3}{2} : \frac{1}{2} = 3 : 1 \quad となる。$$

また，点 Q は辺 CA の中点より，

$$CQ : QA = \frac{1}{2} : \frac{1}{2} = 1 : 1 \quad となる。$$

図2 チェバの定理

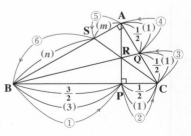

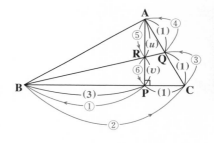

よって，$AS : SB = m : n$ とおくと，図2に示すように，チェバの定理が利用できるので，

$$\frac{1}{3} \times \frac{1}{1} \times \frac{n}{m} = 1 \quad \text{となる。} \quad \therefore \frac{n}{m} = 3 = \frac{3}{1}$$

$$\left[\frac{②}{①} \times \frac{④}{③} \times \frac{⑥}{⑤} = 1\right]$$

よって，求める線分の長さの比 $AS : SB$ は，

$AS : SB = m : n = 1 : 3$　である。

(ⅱ) 比 $AR : RP$ について，

図3に示すように，

$BP : PC = 3 : 1$，

$CQ : QA = 1 : 1$　より，

$AR : RP = u : v$ と

おくと，メネラウスの

定理を用いて，

図3 メネラウスの定理

$$\frac{4}{3} \times \frac{1}{1} \times \frac{v}{u} = 1 \quad \text{となる。}$$

$$\left[\frac{②}{①} \times \frac{④}{③} \times \frac{⑥}{⑤} = 1\right]$$

$$\therefore \frac{v}{u} = \frac{3}{4}$$

よって，求める線分の長さの比 $AR : RP$ は，

$AR : RP = u : v = 4 : 3$　である。

これで，チェバの定理とメネラウスの定理について，その利用法もマスターできたと思う。

　以上で今日の講義も終了です！みんな，よく頑張ったね。かなり，内容が濃かったと思うから，次回の講義まで，何度でも自分が納得がいくまで，ヨ～ク復習しておいてくれ。

　それじゃ，次回の講義でまた会おうな！さようなら……。

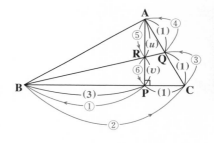

185

12th day　円の性質

おはよう！みんな，元気そうだね。前回までの講義では，三角形の性質について解説したけれど，今日の講義では，"円の性質"について教えよう。

具体的には，"円周角"と"中心角"，"接線と弦のつくる角（接弦定理）"および"方べきの定理"，そして"2つの円の関係"について解説するつもりだ。これらは，共通テスト，2次試験を問わずよく出題される。特に，"三角比"との融合問題として出題されることも多いので，三角比と併せて学習しておくといいと思うよ。では，早速講義を始めよう！

● 円周角と中心角から始めよう！

まず，"円周角"と"中心角"について解説していこう。図1に示すように，同じ円弧 $\overset{\frown}{QR}$ に対する円周角 ∠QPR は，点 P が円周上を P_1, P_2, P_3, … などと変化しても，常に一定で等しい。逆に，この ∠QPR が等しいならば，点 P は同一の円周上にあると言えるんだよ。

次，図2を見てくれ。∠QPR が"円周角"で，円の中心を O とおくと，∠QOR を円弧 $\overset{\frown}{QR}$ に対する"中心角"という。

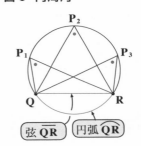

図1　円周角

弦 $\overline{QR}$　　円弧 $\overset{\frown}{QR}$

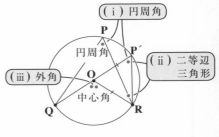

図2　円周角と中心角

（ i ）円周角　（ ii ）二等辺三角形　（iii）外角　円周角　中心角

(i) 円周角は等しいので，
　　　∠QPR ＝ ∠QP′R となるね。

QP′ は中心 O を通る。

(ii) △OP′R は，OP′ ＝ OR の二等辺三角形より，
　　　∠ORP′ ＝ ∠OP′R となる。

(iii) △OP′R の 2 つの内角の和 ∠OP′R ＋ ∠ORP′ は，その外角 ∠QOR に等しい。

186

よって，$\angle \mathrm{QOR} = \angle \mathrm{OP'R} + \angle \mathrm{ORP'}$

$\underbrace{\quad}_{\text{中心角}}$ $\underbrace{\quad}_{(\text{ii}) \angle \mathrm{OP'R}}$

$= 2\angle \mathrm{OP'R} = 2\angle \mathrm{QPR}$ となるね。

$\underbrace{\quad}_{(\text{i}) \angle \mathrm{QPR}}$ $\underbrace{\quad}_{\text{円周角}}$

つまり，同じ弧に対する"中心角は，円周角の2倍になる"んだね。

これから，円に内接する四角形の対角の和が180°となることも示せる。図3(i)のような円に内接する四角形の対角を，それぞれα, βとおく。このα, βを円周角とみると，その中心角はそれぞれ2αと2βとなる。そして，$2\alpha + 2\beta = 360°$が成り立つのも分かるだろう。よって，この両辺を2で割ると，$\alpha + \beta = 180°$が導けるんだね。

$\boxed{\text{円に内接する四角形の対角}\alpha\text{と}\beta\text{の和}}$

また，図4に示すように，中心角$2\alpha = 180°$，すなわちQRが円の直径になるとき，円弧$\overset{\frown}{\mathrm{QR}}$に対する円周角$\alpha = 90°$となるのも大丈夫だね。

また，前回勉強した，$\triangle \mathrm{ABC}$の頂角$\angle \mathrm{A}$の二等分線と$\triangle \mathrm{ABC}$の外接円に，この円周角の知識を組み合わせると，面白い結果が導けるんだよ。

図5(i)に示すように，$\triangle \mathrm{ABC}$とその外接円が与えられたとしよう。そして，内角$\angle \mathrm{A}$の二等分線が，この外接円と交わるA以外の点をDとおく。このとき，$\triangle \mathrm{DBC}$が，$\mathrm{DB} = \mathrm{DC}$の二等辺三角形になることは分かる？ン，よく分からないって？いいよ，これから教えよう。

図3　円に内接する四角形の対角の和 = 180°

（i）

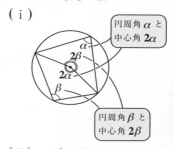

円周角αと中心角2α

円周角βと中心角2β

（ii）$\alpha + \beta = 180°$

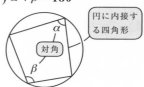

円に内接する四角形

対角

図4　直径に対する円周角は90°

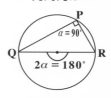

図5　$\angle \mathrm{A}$の二等分線と円周角の応用

（i）

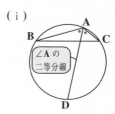

$\angle \mathrm{A}$の二等分線

187

図5(ⅱ)に示すように，

$$
\begin{cases}
\text{・同じ弧 } \overset{\frown}{\text{BD}} \text{ に対する円周角は等しいので，} \angle\text{BAD} = \angle\text{BCD} \\
\text{・同じ弧 } \overset{\frown}{\text{CD}} \text{ に対する円周角は等しいので，} \angle\text{CAD} = \angle\text{CBD}
\end{cases}
$$

ここで，$\angle\text{BAD} = \angle\text{CAD}$ より，$\angle\text{BCD} = \angle\text{CBD}$ となる。よって，2 つの内

共に∠A を二等分した角

角が等しいので，△DBC は，DB = DC の二等辺三角形となる。納得いった？
この考え方も，試験ではよく出てくるので，覚えておこう。

図5 ∠A の二等分線と円周角の応用

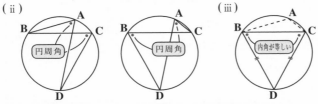

● 接線と弦のつくる角の定理も押さえよう！

図6 に示すように，中心が O の円と，接線が
与えられており，その接点を P とおくよ。すると，
線分 (半径)OP とこの接線とが直交することは
大丈夫だね。

図6 円と接線

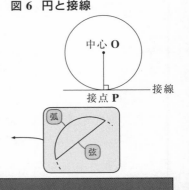

これから，"接線と弦のつくる角" の定理が導け
るんだね。ここでは，これを簡単に "接弦定理"
と呼ぼう。ところで，"弧" と "弦" の違いは分
かるね。これも，右図に示しておく。

接弦定理

弧 $\overset{\frown}{\text{PQ}}$ に対する円周角を θ とおく
と，点 P における円の接線 PX と
弦 PQ のなす角 $\angle\text{QPX}$ は，θ と等
しい。つまり，右図において
$\angle\text{QPX} = \angle\text{PRQ}$ が成り立つ。

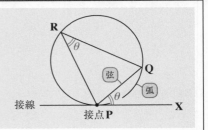

接弦定理も，実は円周角の考え方から導けるんだよ。図7のように，点 **R** を移動して**R′**とし，**R′P** が中心 **O** を通る直径となるようにしよう。すると，

$$\angle \mathbf{R'PX} = 90°,\ \underline{\angle \mathbf{PQR'} = 90°}\ となる。$$

直径 **R′P** に対する円周角

図7 接弦定理の証明

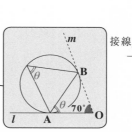

また，当然 $\underline{\angle \mathbf{PRQ} = \angle \mathbf{PR'Q}}$ で，これを θ とおく。このとき，

円周角

図中 "○" の角のこと

$\begin{cases} (\text{i})\ \angle \mathbf{PR'Q} = 90° - \boxed{\angle \mathbf{R'PQ}}\ であり， &\leftarrow\ 直角三角形 \mathbf{R'PQ} で考える。\\ (\text{ii})\ \angle \mathbf{QPX} = 90° - \boxed{\angle \mathbf{R'PQ}}\ である。 &\leftarrow\ \angle \mathbf{R'PX} = 90° で考える。 \end{cases}$

以上 (i)(ii) より，$\angle \mathbf{QPX} = \underline{\angle \mathbf{PR'Q}}$ $\therefore \angle \mathbf{QPX} = \angle \mathbf{PRQ} = \theta$ となる。

$\angle \mathbf{PRQ}$

これで，接弦定理も証明できた！　それでは，次の例題を解いてみよう。

(*ex*1)　右図に示すように，円と2直線 l と m がそれぞれ点 **A**，点 **B** において接しているとき，右図の角 θ を求めてみよう。

(i) 接線 l と円に接弦定理を用いると，

　　$\angle \mathbf{BAO} = \theta$ であることが分かる。また，

(ii) 接線 m と円にも接弦定理を用いると，

　　$\angle \mathbf{ABO} = \theta$ であることも分かるんだね。

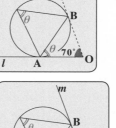

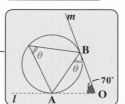

以上 (i)(ii) より，△**OAB** は $\angle \mathbf{BAO} = \angle \mathbf{ABO}(= \theta)$ から

OA = OB の二等辺三角形である。よって，**3** つの内角の和は **180°** より，

$$2\theta + 70° = 180° \quad 2\theta = 110° \quad \therefore \theta = 55°\ と求まる。$$

● 3通りの方べきの定理もマスターしよう！

次，円に内接する四角形や三角形に対して，円周角の考え方から，
"方べきの定理"と呼ばれる重要な定理が導かれる。この方べきの定理は
3通りあり，いずれもよく出てくるので，シッカリ頭に入れてくれ。

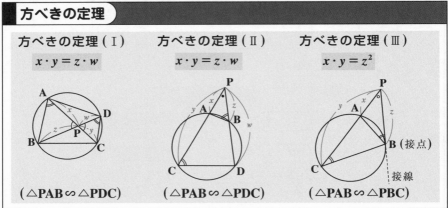

これらはすべて，相似な三角形の相似比から導くことができるんだよ。

- **方べきの定理(Ⅰ)**

円に内接する四角形 **ABCD** の対
角線の交点を **P** とおき，△**PAB** と
△**PDC** について考えよう。すると，

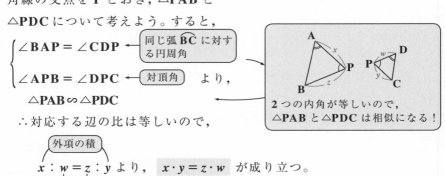

$$\begin{cases} \angle BAP = \angle CDP & \boxed{\text{同じ弧 }\overset{\frown}{BC}\text{ に対する円周角}} \\ \angle APB = \angle DPC & \boxed{\text{対頂角}} \end{cases} \text{より，}$$

△**PAB** ∽ △**PDC**

∴対応する辺の比は等しいので，

$x : w = z : y$ より， $x \cdot y = z \cdot w$ が成り立つ。

（外項の積 / 内項の積）

- **方べきの定理(Ⅱ)**

円に内接する四角形 **ACDB** の **CA**
と **DB** の延長線の交点を **P** とおき，
△**PAB** と △**PDC** について考えよう。

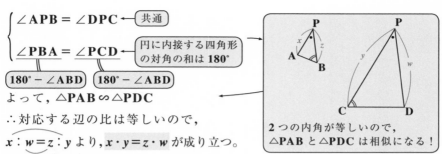

$$\begin{cases} \angle APB = \angle DPC \longleftarrow \boxed{共通} \\ \\ \angle PBA = \angle PCD \longleftarrow \boxed{\begin{array}{c}\text{円に内接する四角形}\\\text{の対角の和は } 180°\end{array}} \end{cases}$$

$\boxed{180° - \angle ABD}$ $\boxed{180° - \angle ABD}$

よって，$\triangle PAB \backsim \triangle PDC$

∴対応する辺の比は等しいので，

$x : w = z : y$ より，$x \cdot y = z \cdot w$ が成り立つ。

2つの内角が等しいので，
$\triangle PAB$ と $\triangle PDC$ は相似になる！

• 方べきの定理（Ⅲ）

円に内接する $\triangle ABC$ の CA の延長と，点
B における円の接線との交点を P とおき，
$\triangle PAB$ と $\triangle PBC$ について考えよう。

$$\begin{cases} \angle APB = \angle BPC \longleftarrow \boxed{共通} \\ \\ \angle PBA = \angle PCB \longleftarrow \boxed{接弦定理} \end{cases}$$ より，

$\triangle PAB \backsim \triangle PBC$

∴対応する辺の比は等しいので，

$x : z = z : y$ より，$x \cdot y = z^2$ が成り立つ。

2つの内角が等しいので，
$\triangle PAB$ と $\triangle PBC$ は相似になる！

証明もこれで，終わりだ。後は方べきの定理を実際に使ってみよう。

練習問題 47	方べきの定理（Ⅰ）	CHECK 1	CHECK 2	CHECK 3

右図に示すように，円 O と直線 PA，
PC，PE がある。直線 PE は点 E で円 O
と接する接線である。また，PA と PC は，
円とそれぞれ B，D の交点をもつ。この
とき，x と y の値を求めよ。

どう？ 解法の糸口は見えた？ そうだね。2つの "方べきの定理" を使えばいいね。
x は，方べきの定理（Ⅱ）を使って求め，y は方べきの定理（Ⅲ）でケリがつくはずだ。
このような図形から，方べきの定理が使えることにピ〜ンとくるようになるまで，目
を慣らしていくことだね。

・右図に示すように，$\triangle \mathrm{PAC}$ に方べきの定理を
用いて，

$$x \times (x+5) = 3 \times 12, \quad x^2 + 5x = 36$$
$$x^2 + 5x - 36 = 0, \quad (x+9)(x-4) = 0$$

ここで，$x > 0$ より，$x = 4$ が答えだ。

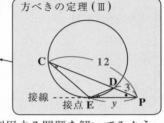

・右図に示すように，$\triangle \mathrm{PCE}$ にも方べきの定理
を用いることができる。

$$y^2 = 3 \times 12, \quad y^2 = 36$$

ここで，$y > 0$ より，$y = \sqrt{36} = 6$ となる。

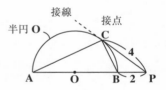

どう？ 方べきの定理の使い方の要領も分かっ
てきた？ それでは，もう1題，方べきの定理（Ⅲ）を利用する問題を解いてみよう。

練習問題 48	方べきの定理（Ⅱ）	CHECK 1	CHECK 2	CHECK 3

右図に示すように，線分 AB を直径と
する半円 O がある。AB の延長線上
に点 P をとり，点 P から半円 O に引
いた接線の接点を C とおく。BP = 2，
CP = 4 のとき，（ i ）この半円の半径を求めよ。（ ii ）BC の長さを求めよ。

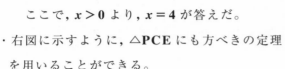

半円を円にしてみると，方べきの定理（Ⅲ）が使える形になっていることに気付くは
ずだ。また，$\triangle \mathrm{PBC} \backsim \triangle \mathrm{PCA}$ であることもポイントだね。

（ i ）半円 O の半径を r とおくと，$\triangle \mathrm{PAC}$
と半円 O の図形に方べきの定理を用
いて，

$$2 \times (2r + 2) = 4^2$$
$$4(r + 1) = 4^2 \qquad r + 1 = 4$$

∴半径 $r = 4 - 1 = 3$ となる。

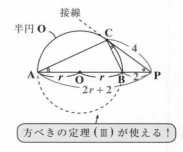

（ ii ）$BC = x$，$AC = y$ とおくと，直径に対する円周角 $\angle ACB = 90°$ となるのが分かるね。よって，直角三角形 CAB に三平方の定理を用いると，

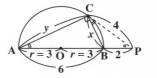

$$x^2 + y^2 = 6^2 \cdots\cdots ① \quad となる。$$

後は，$y = (x \text{ の式})$ の形の式を求めて，これを①に代入して，x の方程式を解けばいい。そのためには，x と y の関係式を導かないといけないね。どうする？… そう，今度は $\triangle PBC$ と $\triangle PCA$ が相似であることを利用すればいい。

$\triangle PBC$ と $\triangle PCA$ において，

$$\begin{cases} \cdot \ \angle BPC = \angle CPA \leftarrow \boxed{共通} \\ \cdot \ \angle PCB = \angle PAC \leftarrow \boxed{接弦定理} \end{cases} \ より，$$

2 つの内角が等しいので，

$$\triangle PBC \backsim \triangle PCA$$

よって，この 2 つの三角形の対応する辺の比は等しいので，

$$4 : 8 = x : y \qquad 4 \cdot y = 8 \cdot x$$

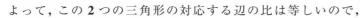

$$\therefore y = 2x \cdots\cdots ② \ \leftarrow \boxed{やった！ これで，y = (x \text{ の式}) \text{ の形になった !!}}$$

②を①に代入して，

$\boxed{分母・分子に\ \sqrt{5}\ をかけた！}$

$$x^2 + (2x)^2 = 36 \qquad x^2 + 4x^2 = 36 \qquad 5x^2 = 36$$

$$x^2 = \frac{36}{5} \qquad ここで，x > 0 \ より，BC = x = \sqrt{\frac{36}{5}} = \frac{6}{\sqrt{5}} = \frac{6\sqrt{5}}{5} \ となる！$$

方べきの定理の使い方にも慣れてきた？ でもまだ，方べきの定理（I）を使う問題をやってないね。これから，この方べきの定理（I）を使う練習問題にもチャレンジしてみよう。実は，この問題は，1 の長さの線分に対して無理数 $\sqrt{a}$（a：任意の正の実数）の長さの線分を図形的に求める作図法の問題（**P206**）でもあ

$\boxed{\text{“すべて” と同じ意味}}$

るんだね。頑張って解いてみてごらん。

右図に示すように，長さ $a+1$ の線分 AB を直径とする半円がある。線分 AB 上の点 P から AB に垂直な直線を引き，これと半円との交点を Q とおく。このとき，線分 PQ の長さを求めよ。

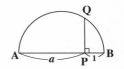

これも，半円を円にして，PQ を延長してみると，方べきの定理 (Ⅰ) が使える形になっていることに気付くはずだ。頑張ろう！

右図に示すように，長さ $a+1$ の線分 AB を直径とする円を描き，線分 PQ の延長と円の Q 以外の交点を R とおく。

また，$PQ = PR = x$ とおく。すると，四角形 QARB は円に内接する四角形より，方べきの定理を用いると，求める PQ の長さ x は，

$a \times 1 = x^2$ より，

$x = \sqrt{a}$　　（a：正の実数）

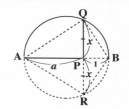

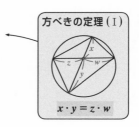

方べきの定理 (Ⅰ)

$x \cdot y = z \cdot w$

∴線分 PQ の長さは $\sqrt{a}$ となることが分かったんだね。

したがって，$a = 3$ とすると，PQ の長さは $\sqrt{3}$ を，

　　　　　$a = 18$ とすると，PQ の長さは，$\sqrt{18} = 3\sqrt{2}$ を表すことになる。

つまり，これで a を任意に（自由に）変化させることにより，$\sqrt{a}$ の長さの線分を描くことができるんだね。面白かった？

　では次，2 つの円の位置関係や共通接線の本数についても調べてみることにしよう。

● 2つの円の位置関係は中心間の距離で決まる！

図8に示すように，中心 O，半径 r の円 C と，中心 O′，半径 $r′$ の円 C′ の2つの円の位置関係について調べよう。（ただし，$r>r′$ とする）

ここで，ポイントになるのは，2つの円の中心間の距離 OO′ なので，OO′ $=d$ とおくことにすると，この d と，2つの円の半径 r，$r′$ により，2つの円の位置関係は，次のように5通りに分類されるんだね。

（ⅰ）$d>r+r′$ のとき，

図8（ⅰ）に示すように，2つの円 C，C′ は互いに外部にあって共有点をもたない。

（ⅱ）$d=r+r′$ のとき，

図8（ⅱ）に示すように，2つの円 C，C′ は外接し，ただ1つの共有点（接点）をもつ。

（ⅲ）$r-r′<d<r+r′$ のとき，

図8（ⅲ）に示すように，2つの円 C，C′ は2点で交わる。よって，2つの共有点（交点）をもつ。

（ⅳ）$d=r-r′$ のとき，

図8（ⅳ）に示すように，2つの円 C，C′ は内接し，ただ1つの共有点（接点）をもつ。

（ⅴ）$d<r-r′$ のとき，

図8（ⅴ）に示すように，大円 C が，小円 C′ を内に含む，よって，共有点をもたない。

図8 2つの円の位置関係

（ⅰ）互いに外部にある
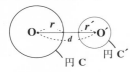

（ⅱ）外接する
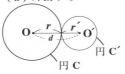

（ⅲ）2点で交わる
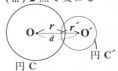

（ⅳ）内接する

（ⅴ）一方が他方を含む

● 2円の共通接線も5通りに分類できる！

　2つの円との位置関係は，中心間の距離 d と，2つの円の半径 r と r' （$r>r'$）の関係から5通りに分類されたんだけれど，これに付随して，2つの円の共通接線の本数も，次のように変化する。

図9(i)～(v)にその様子を示すので，確認してくれ。

(i) $d>r+r'$ のとき，2つの円は互いに外部にあって

　　　図9(i)に示すように，2つの円の共通接線は4本ある。

(ii) $d=r+r'$ のとき，2つの円は外接し，

　　　図9(ii)に示すように，2つの円の共通接線は3本ある。

(iii) $r-r'<d<r+r'$ のとき，2つの円は2点で交わり，

　　　図9(iii)に示すように，2つの円の共通接線は2本ある。

(iv) $d=r-r'$ のとき，2つの円は内接し，

　　　図9(iv)に示すように，2つの円の共通接線は1本ある。

(v) $d<r-r'$ のとき，C が C' を内に含むので，

　　　図9(v)に示すように，2つの円の共通接線は存在しない。

図9　2つの円の共通接線

(i) **共通接線4本**（$d>r+r'$）　　　(ii) **共通接線3本**（$d=r+r'$）

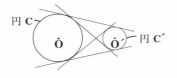
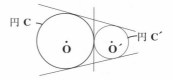

(iii) **共通接線2本**　　　　(iv) **共通接線1本**　　　(v) **共通接線0本**
　　　（$r-r'<d<r+r'$）　　　　　（$d=r-r'$）　　　　　　（$d<r-r'$）

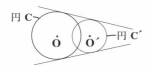
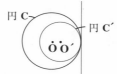
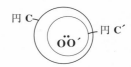

　図9(i)～(v)を見れば，それぞれの場合の共通接線の本数が上記のように分類されることが一目瞭然だと思う。それでは，2つの円の位置関係と共通接線について，例題を解いて，練習しておこう。

(*ex*1) 半径 r と r' （$r>r'$）の 2 つの円 C と C' について，この中心間の距離 d が $4<d<12$ のとき，円 C と C' は 2 点で交わるものとする。このとき，2 つの円の半径 r と r' を求めてみよう。

2 つの円 C と C' が，2 点で交わる条件は，$\underset{\underset{④}{}}{r-r'}<d<\underset{\underset{⑫}{}}{r+r'}$ （$r>r'$）だから，

$$\begin{cases} r-r'=4 & \cdots\cdots① \\ r+r'=12 & \cdots\cdots② \end{cases} \quad \text{となる。}$$

よって，$\dfrac{①+②}{2}$ より，$r=\dfrac{4+12}{2}=8$ ，$\dfrac{②-①}{2}$ より，$r'=\dfrac{12-4}{2}=4$

よって，求める円 C と C' の半径 r と r' は，$r=8$ ，$r'=4$ となるんだね。

(*ex*2) 右図に示すように，半径 $r=$
5 と $r'=3$ の 2 つの円 C と C' が
互いに外部にあり，2 つの円の
中心間の距離 $d=12$ とする。ま
た，右図のように，それぞれの
円に点 P，点 Q で接する共通接
線が引かれている。このとき，
線分 PQ の長さを求めてみよう。

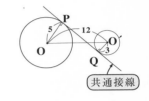

共通接線

右図(i)に示すように，線分
PQ の長さを求めたかったら，
これを右斜め上方に平行移動し
て，P'O' とすれば，直角三角形
△OO'P' ができる。

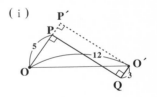

(i)

ここで，P'O' = PQ = x とおき，
直角三角形△OO'P' に三平方の
定理を用いると，

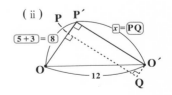

(ii) $\boxed{5+3}=\boxed{8}$ $\boxed{x}=\boxed{PQ}$

$\underset{\underset{64}{}}{8^2}+x^2=\underset{\underset{144}{}}{12^2}$ よって，

$64+x^2=144$ $x^2=80$ $\therefore x=\underset{\underset{4^2\times5}{}}{\sqrt{80}}=4\sqrt{5}$ （$\because x>0$）

"なぜなら" 記号

以上より，求める線分 PQ の長さは，$PQ=x=4\sqrt{5}$ となるんだね。

みんな，おはよう！"**図形の性質**"の講義も今日で**4**回目だから，図形に対するセンスもずい分磨かれてきたと思う。で，今日の講義で扱うのは"**作図**"なので，これまでとはかなり趣きが異なるテーマになる。

作図とは，定規とコンパスのみを使って，ある条件をみたす図形を描くことなんだね。したがって，受験ではあまり問われることはないと思うけれど，限られたツール(道具)で目的を達成する**1**種の思考訓練だと考えてくれたらいいんだね。

それでは，早速講義を始めよう！

● 中学で習った作図から始めよう！

作図で使用する道具は，図**1**に示すように，(ⅰ)2点を結ぶ直線を引く目盛りの無い定規と(ⅱ)一定の半径の円または円弧を描くコンパスだけなんだね。定規には，目盛りがないので，当然，長さは計れないものとする。

図1　作図で使う道具

(ⅰ) 定規　　　(ⅱ) コンパス

でも，この**2**つのツールだけでも，結構いろいろな作図ができる。まず，中学校で習った(Ⅰ)線分の垂直**2**等分線，(Ⅱ)ある点から直線に引く垂線，(Ⅲ)角の**2**等分線の作図法の復習から始めよう。

(Ⅰ)線分の垂直**2**等分線の作図

図**2**に示すように，線分**AB**が与えられたとき，

(ⅰ)点**A**を中心とする適当な大きさの半径の円弧を描く。

(ⅱ)点**B**を中心とする(ⅰ)と同じ半径の円弧を描く。

(ⅲ)**2**つの円弧の交点**P, Q**を

図2　線分の垂直2等分線

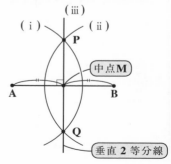

結ぶ直線を引けば，それが線分 **AB** の垂直 2 等分線になっている
んだね。そして，線分 **AB** と直線 **PQ** の交点 **M** が線分 **AB** の中
点になる。これは線分 **AB** の中点を求める手法でもあるんだね。

△**ABC** の辺 **AB** と辺 **BC** に，この
垂直 2 等分線の作図法を適用すれば
右図に示すように，△**ABC** の外心
O を求めることができる。

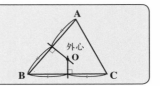

(Ⅱ) ある点から直線に引く垂線

図 3 に示すように，直線 *l* と *l* 上にな
いある点 **A** が与えられているとき，

図 3　ある点から直線に引く垂線

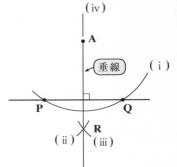

(ⅰ) 点 **A** を中心とする適当な大きさ
の半径の円弧を描き，直線 *l* と
の 2 交点を **P**，**Q** とおく。

(ⅱ) 点 **P** を中心とする適当な大きさ
の半径の円弧を描く。

(ⅲ) 点 **Q** を中心とする，(ⅱ) と同じ
大きさの半径の円弧を描き，(ⅱ)
の円弧との交点を **R** とおく。

(ⅳ) 2 点 **A** と **R** を結ぶ直線を引けば，それが，点 **A** を通る直線 *l* の
垂線になっているんだね。大丈夫？

(Ⅲ) ある角の 2 等分線

図 4 に示すように，∠**XOY** が与えら
れているとき，

図 4　角の 2 等分線

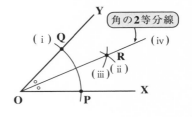

(ⅰ) 点 **O** を中心とする適当な大きさ
の半径の円弧を描き，**OX**，**OY**
との交点を **P**，**Q** とおく。

(ⅱ) 点 **P** を中心とする適当な大きさ
の半径の円弧を描く。

(ⅲ) 点 **Q** を中心とする，(ⅱ) と同じ半径の円弧を描き，(ⅱ) の円弧

199

との交点を **R** とおく。

(iv) 2 点 **O**, **R** を結ぶ半直線を引けば，それが角∠**XOY** の 2 等分線
になるんだね。

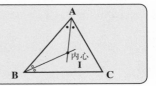

△**ABC** の∠**A** と∠**B** に，この角の
2 等分線の作図法を用いれば，右図
に示すように，△**ABC** の内心 **I** を
求めることができるんだね。

どう？ 作図の要領も思い出してきただろう？

それでは，次の練習問題で，円の接線を作図してみよう。

練習問題 **50**	円の接線の作図	CHECK *1*	CHECK *2*	CHECK *3*

右図に示すように，中心 **O** を
持つ円 **C** の外部の点 **A** から
円 **C** に引く接線を作図する手
順を求めよ。
ただし，接点 **P**, **Q** を求めて
接線は引けるものとする。

点 **A** から円 **C** に目分量でも接線は引けるんだけれど，作図で直線を引く場合，
あくまでも 2 点を結ぶ直線として引くんだね。したがって，まず接点 **P**, **Q** を
求める必要がある。ヒントは，**OA** を直径とする円なんだね。

　右図に示すように，**OA** を直径と
する円 **C´** を描くと，円 **C** と円 **C´**
の 2 つの交点 **P**, **Q** が **A** から円 **C**
に引く接線の接点になるんだね。

　何故なら，円 **C´** において，直径
OA に対する円周角は直角となるので，
∠**APO** = ∠**AQO** = 90° となる。

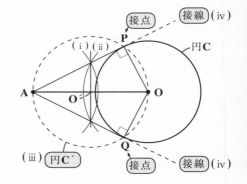

よって，今度は円 C で見ると，半径 OP と直線 AP は直交し，また，半径 OQ と直線 AQ も直交するので，直線 AP と直線 AQ は，点 A から円 C に引いた接線になるんだね。

それでは，接線を作図する手順を以下に示そう。

(i) 点 A を中心とする，適当な大きさの半径の円弧を描く。

(ii) 点 O を中心とする，(i) と同じ半径の円弧を描き，(i) の円弧との 2 つの交点を結んで線分 OA の中点 (すなわち円 C´ の中心)O´ を求める。

(iii) 点 O´ を中心とする半径 AO´ の円 C´ を描き，これと円 C との交点として 2 つの接点 P, Q を求める。

(iv) 接線 AP と接線 AQ を引く。これで，オシマイだね。

● **平行線と，内分点・外分点も作図してみよう！**

図 5(ア) に示すように，直線 l と l 上にない点 A が与えられているとき，点 A を通り，直線 l と平行な直線の作図の手順について調べてみよう。

図 5　平行線の作図

(ア)

(Ⅳ) ある点を通る平行線

図 5(イ) に示すように，

(i) まず，直線 l 上の適当な位置に点 P をとる。

(ii) 点 P を中心とする，適当な大きさの半径の円弧を描き，これと l との交点を Q とおく。

(iii) 点 A を中心とする，(ii) と同じ半径の円弧を描く。

(iv) 点 Q を中心とし，AP と等しい半径の円弧を描き，これと (iii) の円弧との交点を R とする。

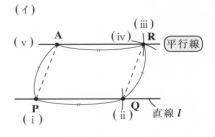

(イ)

201

（ⅴ）2点 **A** と **R** を結ぶ直線を引けば，
それが点 **A** を通り，直線 *l* に平行
な直線になるんだね。

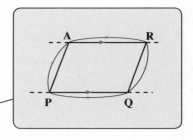

　　何故って？ **AR＝PQ**，**AP＝RQ**
となるように作図しているので，四
角形 **APQR** の2組の対辺が等しい。

　　よって，これは平行四辺形になるので，**AR∥PQ** が言えるからなんだね。

　以上で（Ⅳ）ある点を通る平行線の作図法が分かったので，これを基に，
線分の内分点や外分点を求められるようになったんだね。ン？　よく分か
らないって!? いいよ，これから詳しく解説しよう。

　これまでの解説では，線分が与えられたとき，その中点，つまり，その
線分を1：1に内分する点を求めることはできたんだけれど，この（Ⅳ）平
行線の作図法により，3：1に内分する点や，2：5に外分する点…など，
自由に求められるようになるんだね。これについては，具体的に次の例題
で実際に求めてみることにしよう。

（*ex1*）右図に示すような線分
　 OA を3：1に内分する
　 点 **P** を求める作図の手順
　 を調べよう。

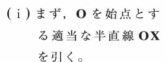

　 （ⅰ）まず，**O** を始点とす
　　　 る適当な半直線 **OX**
　　　 を引く。

　 （ⅱ）直線 **OX** 上に，点 **O**
　　　 から順次コンパスで
　　　 等間隔になるように
　　　 4つの点をとる。

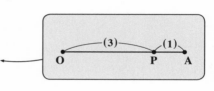

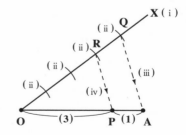

　 （ⅲ）4番目の点を **Q** とおき，2点 **A**，**Q** を結ぶ直線を引く。

　 （ⅳ）3番目の点を **R** とおき，（Ⅳ）の平行線の作図法を使って，点 **R**
　　　 を通り，直線 **AQ** と平行な直線を引き，これと線分 **OA** との交点
　　　 をとる。すると，それが，線分 **OA** を3：1に内分する点 **P** になる。

何故なら，**RP ∥ QA** より，△**OPR** と△**OAQ** は相似比が **3：4** の相似な三角形より，**OP：OA＝3：4** となる。よって，**OP：PA＝3：1** となるからなんだね。大丈夫？

(*ex2*) 次，右図に示すような線分 **OA** を **5：2** に外分する点 **P** を求める作図の手順についても調べてみよう。

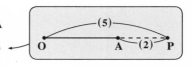

（ⅰ）まず，**O** を始点とする適当な半直線 **OX** を引く。

（ⅱ）直線 **OX** 上に，点 **O** から順次コンパスで等間隔になるように，**5** 点をとる。

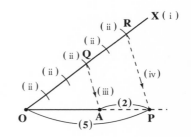

（ⅲ）**3** 番目の点を **Q** とおき，**2** 点 **A，Q** を結ぶ直線を引く。

（ⅳ）**5** 番目の点を **R** とおき，（Ⅳ）の平行線の作図法を用いて，点 **R** を通り，直線 **QA** と平行な直線を引き，これと線分 **OA** の延長との交点をとると，これが，線分 **OA** を **5：2** に外分する点 **P** になるんだね。これも，**QA ∥ RP** より，△**OAQ** と△**OPR** が相似比 **3：5** の相似な三角形となるので，**OA：OP＝3：5** より，**OP：PA＝5：2** となって，点 **P** は線分 **OA** を **5：2** に外分する点になるからなんだね。

さて，このように与えられた線分の内分点や外分点を求めるということは，数直線上に有理数の目盛りを与えることになる。ここで，元の線分 **OA** の長さ（大きさ）を **1** とおくと，(*ex1*) の線分 **OP** の長さは $\frac{3}{4}$ であり，(*ex2*) の線分 **OP** の長さは $\frac{5}{3}$ となるんだね。この考え方を拡張すると，目盛り付き定規の

(*ex1*)

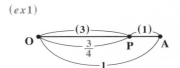

(*ex2*)

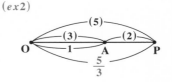

ように，直線を数直線（すうちょくせん）に変えることができる。

図 6 に示すように，線分
OA の長さを 1 とおき，
[1cm]

図 6　数直線の作図

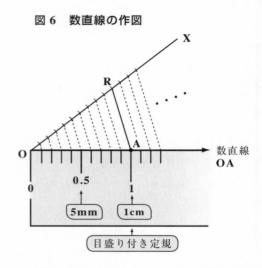

直線 OA の原点 O から
適当な半直線 OX を引
く。OX 上に等間隔の目
盛りをとり，10 個目の
点を R として，直線 RA
を引く。後は RA と平行
な直線を，OX 上の各点
から引いて，OA との交
点を求めれば，図 6 に示

すように，直線 OA が，見慣れた目盛り付き定規のような数直線 OA に
なるんだね。納得いった？　このように，大きさ 1 の OA を 10 等分では
なく，理論的には 100 等分，1000 等分，…と，いくらでも細密に分割す
ることができるので，数直線 OA は，有理数（整数または既約分数）によっ
て，ビッシリと埋めつくされているように思うかも知れないね。

　でも，1 対 1 対応を基にした無限集合の考え方からは，このような有理
数の無限集合よりも，無理数の無限集合の方がさらに大きな

[π や $\sqrt{2}$, $\sqrt{3}$, $\sqrt{7}$, …など]

レベルの無限集合であることが導かれるんだ。したがって，数直線は，

[無限の大きさを表すレベルのことを，正確には "濃度（のうど）" という。]

有理数と有理数の間をさらに，ビッシリと無理数が埋め尽くしていると
考えられるんだね。

　したがって，実用的には有理数の目盛り付き数直線（定規）で充分なん
だろうけれど，より厳密さを求めて，OA ＝ 1 の元の線分に対して，平方
根 $\sqrt{a}$ の長さの線分を描く作図法についても，解説しておこう。

204

● 平方根の長さの線分を求めよう！

正の数 a の正の平方根 $\sqrt{a}$ の長さの線分を求めるための下準備として，**P199** で解説した（Ⅱ）（直線外の）ある点から直線に引く垂線の作図法を少しだけ修正した（Ⅱ）´（直線上の）ある点で直線と直交する垂線の作図法について解説しておこう。

（Ⅱ）´ 直線上のある点を通る垂線

図7　直線上のある点を通る垂線

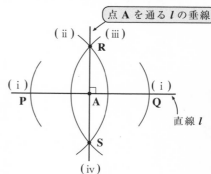

点 **A** を通る l の垂線

図7に示すように，直線 l と，l 上に存在する点 **A** が与えられているとき，

（ⅰ）点 **A** を中心とする適当な大きさの半径の円弧を描き，それと直線 l との交点を **P**，**Q** とおく。

（ⅱ）点 **P** を中心とする，**PA** より少し大きい適当な大きさの半径の円弧を描く。

（ⅲ）点 **Q** を中心とする，（ⅱ）と同じ大きさの半径の円弧を描き，（ⅱ）の円弧との 2 交点を **R**，**S** とおく。

（ⅳ）2 点 **R**，**S** を結ぶ直線を引けばそれが，直線 l 上の点 **A** を通る l の垂線になるんだね。大丈夫？

以上で準備も整ったので，平方根 $\sqrt{a}$ の長さの線分を求める作図法について考えよう。

図8　$\sqrt{a}$ の長さの線分

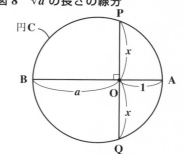

円 **C**

実は，この背景については，練習問題 **49**（**P194**）で既にやっている。もう 1 度復習しておくと，図8に示すように，長さ $a+1$ の直径 **BA** の円 **C** について，**BA** 上の **O** 点を通る **BA** の垂線と円 **C** の交点を **P**，**Q** とおくと，

$$\mathbf{OP} = \mathbf{OQ} = x \quad となる。$$ ← 直径 **BA** に対して，上下対称な図形だからね。

よって，方べきの定理（Ⅰ）を用いると，

$a \times 1 = x \times x$ より，　$x^2 = a$ $\therefore \mathbf{OP} = x = \sqrt{a}$ （$a > 0$）となり，

線分 **OP** が, *a* の正の平方根 $\sqrt{a}$ の長さを持つ線分ということになるんだね。

それでは, $\sqrt{a}$ の長さの線分 **OP** を求めるための作図手順を考えよう。

(V) $\sqrt{a}$ の長さの線分

(ⅰ) 長さ **1** の線分 **OA** を
基に, (*ex1*) や (*ex2*)
(**P202, 203**) でやった
要領で, 任意の *a* の長
さの線分を求め, それ
を **BO** とする。

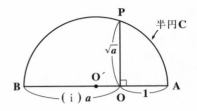

図 9　$\sqrt{a}$ の長さの線分の作図

(ⅱ) (Ⅰ) の線分の垂直 **2** 等分線の作図法 (**P198**) を用いて, 線分 **BA**

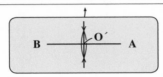

の中点 **O´**, すなわち円 **C** の中心 **O´** を求め, 半径 **O´A** の半円 **C**
を描く。

(ⅲ) (Ⅱ)´ の直線上のある点を通る垂線の作図法 (**P205**) を用いて, 線

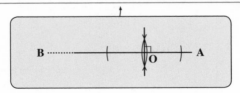

分 **BA** 上の点 **O** を通る **BA** の垂線を引き, 半円 **C** との交点を **P**
とおくと, 線分 **OP** が, 求める $\sqrt{a}$ の長さの線分になるんだね。
納得いった？

具体的には, *a* は **2** や $\frac{2}{3}$ や **5** な
ど…, さまざまな有理数をとり得
るんだね。そして, 上記の作図に
より, $\sqrt{a}$ の長さの線分 **OP** が求ま

図 10　実数目盛りの数直線

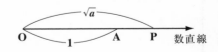

れば，それを図 10 に示すように，数直線 OA に組み込むことにより，数直線 OA は平方根数まで含めた実数目盛りの数直線ということになるんだね。

　以上で，作図の講義も終了です。みんな，目盛りのない定規とコンパスのみを使う作図なんて，最初は古くさいアナログ時代の産物だと思ったかも知れないね。そう思った人，どれくらいいる？ ……，やっぱり結構多いね。

　でも，限られたツール（道具）とルール（規則）だけで，様々な目標を達成していく方法を考えることは，とても大切なことで，頭にとって非常に良い思考訓練になるんだよ。そして，このような手続きは，実は，デジタル時代の現代において，コンピューター・プログラム（ソフト）を作っていく操作と非常によく似ているんだね。

　映画「ダイ・ハード 4.0」の中で，テロリストのボスが，マクレーン警部に向かって，「お前はアナログ時代の鳩時計だ！」とバカにするシーンがあるけれど，実はその鳩時計と言われたマクレーン警部こそ，最強（ダイ・ハード）だったことが映画で描かれている。これと同様に，アナクロ時代の作図法が最強というわけではないけれど，デジタル時代の能力を養う上でも，とても大事だということは言えるんだね。

　作図は，目盛りのない定規とコンパスを使うというその環境から考えて，受験問題として出題されることはまずないと思うけれど，今日習った程度の内容はシッカリマスターしておいてくれ。きっと，マクレーン警部の腕力みたいに頭が強くなると思うよ！

　それでは，次回の講義まで皆元気でな！ さようなら……。

みんな，おはよう！ 今日，この "**図形の性質**" の最終回として，空間
図形について勉強しよう。エッ，空間図形と聞いただけで引きそうって？
大丈夫！ また分かりやすく親切に教えるから，これまで頑張ってきたキ
ミなら必ずマスターできるはずだ。

今回は，まず中学で学んだ直線や平面の位置関係などについて復習した後，
直線と平面の直交条件とその応用である "**三垂線の定理**" について教えよ
う。さらに，直方体や角錐のように，平面だけで囲まれた多面体の頂点の
数，辺の数，面の数の関係を示す "**オイラーの多面体定理**" について，詳
しく丁寧に解説しよう。最後の講義だ。頑張ってマスターしてくれ。

● 2直線の位置関係から始めよう！

空間における 2 つの直線 l と m の位置関係には，図 1 に示すように

（ⅰ）1点で交わる　　（ⅱ）平行である　　（ⅲ）ねじれの位置にある

の 3 つの場合があるんだね。

図1　2直線 l, m の位置関係

　（ⅰ）1点で交わる　　　　（ⅱ）平行である　　　　（ⅲ）ねじれの位置にある

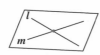 

（ⅰ）1 点で交わる，または（ⅱ）平行であるとき，2 直線 l, m は同一の平
面上にあるんだね。これに対して，（ⅲ）ねじれの位置にあるとき，l と m
は同一の平面上にない。逆に言うと，同一平面上に l, m がないとき，l
と m はねじれの位置にあると言えるんだね。

たとえば，図 2 に示すように，6 つの面が
すべて平行四辺形であるような立体を "**平
行六面体**" というんだけれど，

（ⅰ）辺 **AB** と 1 点で交わる辺は，**AE**，**AD**，
　　BF，**BC** であり，

図2　平行六面体 ABCD-EFGH

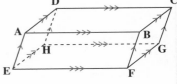

（ⅱ）辺 **AB** と平行である辺は，**EF**，**HG**，**DC** だね。そして

（ⅲ）辺 **AB** とねじれの位置にある辺は，**EH**，**FG**，**HD**，**GC** となるんだね。

大丈夫？ ここで，<u>2 つの直線 *l* と *m*</u>

<u>がねじれの位置にあるとき，この *l* と</u>

> *l* と *m* が同一平面上にないときだね。

m のなす角を次のように定義する。

まず，*l* と *m* を空間内の任意の点 **O** で交わるように平行移動させたものをそれぞれ *l*′，*m*′ とおいたとき，*l*′ と *m*′ の位置関係は点 **O** のとり方によらず，一定となるはずだ。そこで，この *l*′ と *m*′ のなす 2 つの角のうち大き

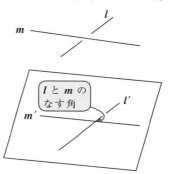

図3　ねじれの位置にある 2 直線 *l*，*m* のなす角

くない方の角を，元の *l* と *m* のなす角と定義する。特に，*l* と *m* のなす角が **90°** のとき，*l* と *m* は**垂直である**，または**直交する**といい，*l* ⊥ *m* で表すんだね。

● 平面の決定条件と 2 平面の位置関係を押さえよう！

空間において平面がただ 1 つに定まるための条件は，次の 4 つだ。

（ⅰ）一直線上にない異なる 3 点を通る

（ⅱ）1 つの直線とその上にない点を含む

（ⅲ）交わる 2 直線を含む

（ⅳ）平行な 2 直線を含む

図 4（ⅰ）のように，直線上にない 3 点 **A**，**B**，**C** を通る平面はただ 1 つだけあり，この平面を平面 **ABC** と呼ぶ。図 4（ⅱ）のように，1 直線 *l* とその上にない点 **A** が与えられたとき，この *l* と **A** を含む平面はただ 1 つ存在する。図 4（ⅲ）のように，交わる 2 直線 *l*，*m* を含む平面もただ 1 つに決定される。図

図4　平面の決定条件

（ⅰ）一直線上にない異なる 3 点

（ⅱ）1 直線とその上にない 1 点

（ⅲ）交わる 2 直線

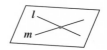

209

4(ⅳ)に示すように，l と m が平行（$l /\!/ m$）のときと，l と m がその上にあるような平面はただ1つあるんだね。大丈夫だね。

　次，空間における異なる2平面 α，β の位置関係には，図5に示すように，

（ⅰ）交わる

（ⅱ）平行である

の2つの場合がある。

（ⅰ）は，α と β が共有点をもつ場合で，このとき，α と β は1つの直線 l を共有するんだね。このとき，α と β は**交わる**といい，共有する直線 l を α と β の**交線**と呼ぶ。これに対して，

（ⅱ）α と β が共有点をもたない場合，α と β は**平行である**といい，$\alpha /\!/ \beta$ で表す。

これも大丈夫？定義が続いて疲れたかも知れないね。もう一頑張りだ！

図4 （ⅳ）平行な2直線

図5 　2平面 α，β の位置関係

（ⅰ）交わる

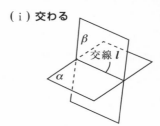

（ⅱ）平行である

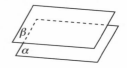

● 2平面のなす角を求めよう！

　2つの平面 α と β が交線をもつとき，この α と β のなす角について考えてみよう。図6（ⅰ）に示すように，交線上の1点 O をとり，この O を通り α，β 上に交線と垂直な直線 m，n を引くと，m と n のなす角は，O のとり方によらず一定となるんだね。この m と n のなす角を，2平面 α，β の**なす角**という。

図6（ⅱ）に示すように，2平面 α，β のなす角が **90°** のとき，α と β は**垂直である**，または**直交する**といい，$\alpha \perp \beta$ で表す。

図6 　2平面 α，β のなす角
（ⅰ）

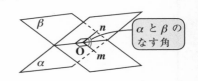

α と β のなす角

（ⅱ）$\alpha \perp \beta$

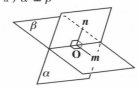

では，次の練習問題で，2 平面のなす角を具体的に求めてみよう。

練習問題 51　　2 平面のなす角　　CHECK 1　CHECK 2　CHECK 3

右図に示すような，$AE = \sqrt{2}$，$AB =$
$AD = 2$ の直方体 ABCD-EFGH がある。
このとき，平面 BGD と平面 BCD
のなす角を求めよ。

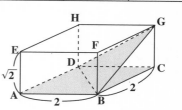

$\triangle BGD$ は，$GB = GD$ の二等辺三角形だから，線分 DB の中点を M とおくと，
$GM \perp BD$ だね。同様に，二等辺三角形 BCD について考えると，$CM \perp BD$
となる。

まず，BD は 2 平面 BGD，BCD の交線
だね。ここで，線分 DB の中点を M と
おく。

また，$\triangle BGD$ は $GB = GD$ の二等辺三
角形より，$\triangle GMB$ と $\triangle GMD$ は 3 辺が
等しいので，$\triangle GMB \equiv \triangle GMD$

$\therefore \angle GMB = \angle GMD = 90°$　より，

$GM \perp BD$　……①

同様に，$\triangle BCD$ は $CB = CD$ の二等辺
三角形より，$CM \perp BD$　…②　となる。

①，②より，$\angle GMC$ が 2 平面 BGD，
BCD のなす角ということになるね。

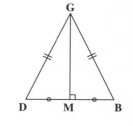

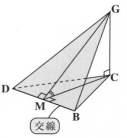

交線

ここで，正方形 ABCD は一辺の長さが
2 だから，対角線 $AC = 2\sqrt{2}$

$\therefore MC = \dfrac{1}{2} AC = \dfrac{1}{2} \cdot 2\sqrt{2} = \sqrt{2}$

よって，$\triangle MCG$ は，$MC = CG = \sqrt{2}$ の
直角二等辺三角形より，$\angle GMC = 45°$

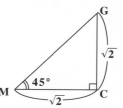

以上より，2 平面 BGD と BCD のなす角は，$\angle GMC = 45°$ なんだね。

● 直線と平面の直交条件を押さえよう！

空間における直線 l と平面 α の位置関係は，図 **7** に示すように，

(ⅰ) **1 点で交わる**　　(ⅱ) **平行である**　　(ⅲ) l **が** α **上にある**

の **3** つの場合がある。

図7　直線 l と平面 α の位置関係

(ⅰ) **1 点で交わる**

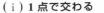

(ⅱ) **平行である**

(ⅲ) l **が** α **上にある**

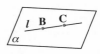

図 **7**(ⅰ) に示すように，直線 l と平面 α がただ **1** つの共有点 **A** をもつとき，l と α は **交わる** といい，点 **A** を l と α の **交点** という。図 **7**(ⅱ) に示すように，l が α と共有点をもたないとき，l と α は **平行である** といい，$l \mathbin{/\!/} \alpha$ と書く。また，図 **7**(ⅲ) に示すように，l が α と異なる **2** 点 **B**，**C** を共有するとき，l は α **上にある**，または l は α **に含まれる** というんだね。

次に，直線と平面が直交する定義を示そう。図 **8** に示すように，直線 l が平面 α 上のすべての直線と垂直であるとき，l **は** α **に垂直である**，または l **は** α **と直交する** といい，$l \perp \alpha$ と書く。逆に言うと，直線 l が平面 α と直交するならば，l は α 上のどの直線

図8　$l \perp \alpha$

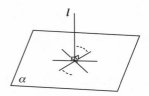

とも直交すると言えるんだね。これを定理の形で次に示す。

「$l \perp \alpha \Rightarrow l$ は α 上のすべての直線と直交する」　…(＊**1**)

実は，図 **9** に示すように，直線 l が平面 α に垂直であることを言うためには，α 上の交わる (平行でない) **2** 直線 m，n の両方に垂直であることを言えばいいだけなんだね。このことを命題の形で次に示そう。

図9　l と α の直交条件

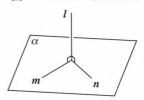

「直線 l が平面 α 上の交わる 2 直線と直交する $\Rightarrow l \perp \alpha$」 …($*2$)

以上を次にまとめて示す。

直線と平面の直交

直線 l と平面 α が 1 点で交わるとき,

（Ⅰ）「$l \perp \alpha \Rightarrow l$ は α 上のすべての直線と直交する」 ……($*1$)

（Ⅱ）「l が α 上の交わる 2 直線と直交する $\Rightarrow l \perp \alpha$」 ……($*2$)

$\boxed{l \text{ と } \alpha \text{ の直交条件と呼ぼう}}$

この ($*1$) と ($*2$) は，次に解説する**三垂線の定理**を証明するときに，繰り返し用いられるので，しっかり覚えてくれ。

● 三垂線の定理をマスターしよう！

図 10 に示すように，点 P を平面 α 上にない点とする。この α 上に直線 l をとり，Q を l 上の点，O を l 上にない α 上の点とする。このとき，次の**三垂線の定理**が成り立つ。

図 10 三垂線の定理

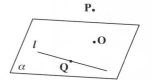

三垂線の定理

(1) $PO \perp \alpha$, かつ $OQ \perp l \Rightarrow PQ \perp l$

(2) $PO \perp \alpha$, かつ $PQ \perp l \Rightarrow OQ \perp l$

(3) $PQ \perp l$, かつ $OQ \perp l$, かつ $PO \perp OQ \Rightarrow PO \perp \alpha$

(1)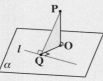

(2)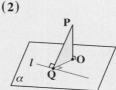

(3)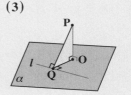

この三垂線の定理の証明を，**P213** で示した **2** つの定理

P213

(Ⅰ)「$l \perp \alpha \Rightarrow l$ は α 上のすべての直線と直交する」 …(*1)　と

(Ⅱ)「l が α 上の交わる **2** 直線と直交する $\Rightarrow l \perp \alpha$」　……(*2)　を用いて，

模式図で次に示す。(*1)と(*2)を繰り返し用いているのが分かると思う。

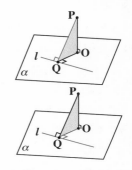

(1) $PO \perp \alpha$，かつ $OQ \perp l \Rightarrow PQ \perp l$

(2) $PO \perp \alpha$，かつ $PQ \perp l \Rightarrow OQ \perp l$

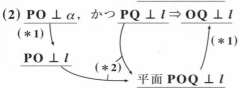

(3) $PQ \perp l$，かつ $OQ \perp l$，かつ $PO \perp OQ \Rightarrow PO \perp \alpha$

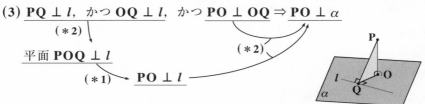

(1) の模式図による証明を確認しておこう。$PO \perp \alpha$ だから，(*1)より，$PO \perp l$ (α 上の直線) だね。これと $OQ \perp l$ より，l は平面 POQ 上の交わる **2** 直線 PO，OQ と直交するから，(*2)から平面 $POQ \perp l$ となる。よって，(*1)より，l は平面 POQ 上の直線 PQ と直交する，すなわち $PQ \perp l$ だね。

(2) の模式図も同様だから，確かめてくれ。

(3) の模式図について，$PQ \perp l$ かつ $OQ \perp l$ より，l は平面 POQ 上の交わる **2** 直線 PQ，OQ と直交する。よって，(*2)より，平面 $POQ \perp l$ だ。すると，(*1)から (平面 POQ 上の直線) $PO \perp l$ となる。これと $PO \perp OQ$ より，PO は平面 α 上の交わる **2** 直線 l，OQ の両方と直交するから，(*2)から $PO \perp \alpha$ なんだね。納得いった？

では，正四面体を使って，三垂線の定理 (3) の例題を解いてみよう。

右図に示す正四面体 ABCD について，辺 CD の中点を M とする。頂点 A から線分 BM に垂線 AH を下したとき，AH ⊥△BCD となることを，示せ。

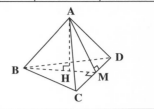

AH ⊥ BM より，AH ⊥ CD が言えれば，AH ⊥△BCD が言える。AH ⊥ CD を言うためには，AM ⊥ CD かつ BM ⊥ CD を示せばいいんだね。

△ACD，△BCD が正三角形で，点 M は辺 CD の中点より，

　　AM ⊥ CD　……①

　　BM ⊥ CD　……②

> 正三角形の中線は辺に対して垂直二等分線になるからね。

①，②より，

<u>CD ⊥ 平面 ABM</u>

> 辺 CD は，平面 ABM 上の交わる2直線 AM，BM の両方に垂直だからね。 ──(＊2)

∴ AH ⊥ CD　……③　　だね。

> CD は，これに直交する平面 ABM 上の直線 AH と垂直 ──(＊1)

また，問題文より，

AH ⊥ BM　……④

③，④より，

<u>AH ⊥ 平面 BCD</u>　，すなわち

> 線分 AH は，平面 BCD 上の交わる2直線 CD，BM の両方に垂直だからね。 ──(＊2)

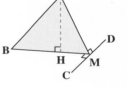

AH ⊥△BCD　……④　　となる。これが，三垂線の定理 (3) の例なんだね。

● オイラーの多面体定理にチャレンジしよう！

立方体や三角すいなど，平面だけで囲まれた立体を多面体という。これはその面の数によって，四面体，五面体，六面体などというんだね。多面体は大きく分けて，

$\begin{cases} (\,\mathrm{i}\,)\,\text{へこみのない多面体と,} \\ (\,\mathrm{ii}\,)\,\text{へこみのある多面体の2種類がある。} \end{cases}$

(ⅰ)へこみのない多面体は，これまで扱ってきた平行六面体や四面体などをいうんだね。これに対して，(ⅱ)のへこみのある多面体の例を，図11に示す。しかし，これからは(ⅰ)のへこみのない多面体に話を限ることにする。

凸多面体という

図11　へこみのある多面体の例

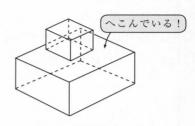

へこんでいる！

へこみのない多面体のうち，次の2つの条件をみたすものを**正多面体**という。

(Ⅰ) どの面もすべて合同な正多角形である。

正三角形，正方形などだね。

(Ⅱ) どの頂点にも同じ数の面が集まっている。

この(Ⅰ)，(Ⅱ)の2つの条件をみたす正多面体は，次の5種類しかないことが分かっている。

(ⅰ) 正四面体　　　(ⅱ) 正六面体　　　(ⅲ) 正八面体
(ⅳ) 正十二面体　　(ⅴ) 正二十面体

だから，この(ⅰ)～(ⅴ)以外の正多面体，たとえば正十面体，正三十面体，正百面体などは存在しないんだね。

では，この5つの正多面体を，図12に示しておこう。

図12　5種類の正多面体

(ⅰ) **正四面体**　　　　(ⅱ) **正六面体**　　　　(ⅲ) **正八面体**

(ⅳ) **正十二面体**　　　(ⅴ) **正二十面体**

この5つの正多面体の頂点の数をv，辺の数をe，面の数をfとおくよ。すると，図12より，v，e，fの値を表の形で表すと，次の表1のようになるね。

> vは$vertex$(頂点)，
> eは$edge$(辺)，
> fは$face$(面)の
> 頭文字だ。

表1　正多面体のv，e，fの値

	正四面体	正六面体	正八面体	正十二面体	正二十面体
頂点の数v	4	8	6	20	12
辺の数e	6	12	12	30	30
面の数f	4	6	8	12	20

このvとeとfの間には，次の関係式が成り立つ。

$v-e+f=2$　……($*3$)　これを**オイラーの多面体定理**という。

頂点は**0**次元(点)，辺は**1**次元，面を**2**次元ととらえると，このように次元の異なるものの個数の間に常に($*3$)の関係があると言っているんだね。エッ，($*3$)はvやeやfの文字が入っている上に，＋と－も入っていて混乱しそうだって？そうだね，ではとっておきの($*3$)の覚え方を示そう。まず，($*3$)の左辺を少し書き変えて，

$f+v-e=2$　……($*3$)′　と表せるね。そこで，($*3$)′の語呂合わせの覚え方：

「"メンテ代から**1000**円引いて，ニッコリ"」どう？一発で覚えられるだろう。
f(面) v(頂点) e(辺，線) ― ② メンテは，メンテナンスの略だ。

では，表1からオイラーの多面体の定理($*3$)′が，5つの正多面体について成り立っていることを確かめてみよう。

(ⅰ) 正四面体について，$f=4$，$v=4$，$e=6$
　∴$f+v-e=4+4-6=2$　となって，成り立つ。

(ⅱ) 正六面体について，$f=6$，$v=8$，$e=12$
　∴$f+v-e=6+8-12=2$　となって，成り立つ。

(ⅲ) 正八面体について，$f=8$，$v=6$，$e=12$
　∴$f+v-e=8+6-12=2$　となって，成り立つ。

(ⅳ) 正十二面体，(ⅴ) 正二十面体も($*3$)′をみたすことを確認してくれ。

もちろん、このオイラーの多面体定理は、この5種類の正多面体について
だけ成り立つのではなく、一般にどの凸多面体についても成り立つんだね。

（へこみのない多面体のこと）

それでは、オイラーの多面体の定理を次にまとめて示しておこう。

■ オイラーの多面体定理

へこみのない多面体の頂点の数を v，辺の数を e，面の数を f とお
くと，v と e と f の間には次の関係式が成り立つ。
$v - e + f = 2$ $\cdots(*3)$ $[f + v - e = 2$ $\cdots(*3)']$

では、次の練習問題で、正多面体以外の凸多面体でも、オイラーの多面体定
理 $(*3)$ が成り立つことを確かめてみよう。

練習問題 53 　オイラーの多面体定理(I)　CHECK 1　CHECK 2　CHECK 3

右図に示すように、正六面体(立方体)の1つ
の頂点を含む一角を平面で切って取り除いた
多面体について、オイラーの多面体定理：
$v - e + f = 2$ $\cdots(*3)$
(v：頂点の数，e：辺の数，f：面の数)
が成り立つことを確かめよ。

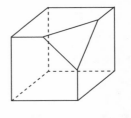

この多面体の頂点の数、辺の数、面の数を、実際に数え上げ、それぞれの値を
$(*3)$ の左辺の v，e，f に代入した結果が、右辺の2になればいいんだね。

この多面体の頂点の数を v，辺の数を e，面の数を f とおくと、図より
$v = 10$，$e = 15$，$f = 7$ となるね。
$\therefore (*3)$ の左辺 $= v - e + f$
$= 10 - 15 + 7 = 2 = (*3)$ の右辺
となって、確かに $(*3)$ は成り立つ。

これはもちろん、$(*3)'$の
「メンテ代…」を使って、
$f + v - e = 7 + 10 - 15 = 2$
と求めてもいい。

では次に、角柱や角すいについてもオイラーの多面体定理 $(*3)'$ が成り
立つことを確かめておこう。

218

図 **12** に示すように，五角柱の面の数 f，

頂点の数 v，辺の数 e は，

図 12　五角柱

$f = 2 + 5$ ← 上・下の **2** 面と **5** つの側面

$v = 2 \times 5$ ← 上・下の面（五角形）の **10** 個の頂点

$e = 2 \times 5 + 5 = 3 \times 5$ ← 上・下の面（五角形）の **10** 辺と側面のタテの **5** 辺

メンテ代から **1000** 円引いて，ニッコリ

$\therefore f + v - e = (2 + 5) + 2 \times 5 - 3 \times 5 = 2$　より，

(＊**3**)′ は成り立つね。

一般に，n 角柱について，同様に

面の数 $f = 2 + n$ ← 上・下の **2** 面と n 個の側面

頂点の数 $v = 2 \times n$ ← 上・下の面（n 角形）の $2n$ 個の頂点

辺の数 $e = 3 \times n$ ← 上・下の面（n 角形）の $2n$ 辺と側面のタテの n 辺

$\therefore f + v - e = (2 + n) + 2 \times n - 3 \times n = 2$　となって，

(＊**3**)′ が成り立つんだね。

図 **13** に示すように，四角すいの面の数 f，

頂点の数 v，辺の数 e は，

図 13　四角すい

$f = 1 + 4$ ← 底面と **4** つの側面

$v = 1 + 4$ ← 頂点と，底面（四角形）の **4** 個の頂点

$e = 2 \times 4$ ← 底面（四角形）の **4** 辺と側面のナナメの **4** 辺

$\therefore f + v - e = (1 + 4) + (1 + 4) - 2 \times 4 = 2$　より，

やはり (＊**3**)′ は成り立つ。

一般に，n 角すいについて，同様に

面の数 $f = 1 + n$ ← 底面と n 個の側面

頂点の数 $v = 1 + n$ ← 頂点と，底面（n 角形）の n 個の頂点

辺の数 $e = 2 \times n$ ← 底面（n 角形）の n 辺と側面のナナメの n 辺

$\therefore f + v - e = (1 + n) + (1 + n) - 2 \times n = 2$　より，

(＊**3**)′ が成り立つ。大丈夫だった？

最後に，少し骨のある練習問題を解こう。エッ，難しいのかって？大丈夫，最後まで丁寧に分かりやすく解説していくからね。

右図に示すように，f 個の正三角形からなる
正 f 面体がある。右図から明らかに，

正 f 面体

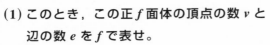

(Ⅰ) どの辺も，2 つの正三角形の交線であり，

(Ⅱ) どの頂点にも，4 つの正三角形が集まっ
　　 ている。

(1) このとき，この正 f 面体の頂点の数 v と
　　 辺の数 e を f で表せ。

(2) (1) の結果と，オイラーの多面体定理：$v - e + f = 2$　…(*)
　　 を用いて，f の値を求めよ。

(1) 重複を許して，頂点の数と辺の数を計算して，$v = (f$ の式 $)$ …①，$e = (f$ の
式 $)$ …②の形の式を求めればいいんだね。(2) ①，②を，オイラーの多面体定
理 (*) に代入すれば，f の値が求まるはずだ。もちろん，問題文の図から，f
$= 8$ となるのは分かっているんだけどね。頑張って，この結果を出してみよう。

(1)（ⅰ）まず，頂点の数 v と面の数 f の関係式
　　　　 を導いてみよう。

図 1　$v \times 4 = 3 \times f$
　　　$e \times 2 = 3 \times f$

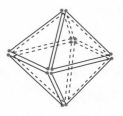

　　　　 重複を許して，頂点の数を求めると，
　　　　 1 つの正三角形 (面) には 3 つの頂点
　　　　 があるので，f 個の面全体で考えると，
　　　　 頂点の数は，$3f$ 個となる。
　　　　 また，図 1 に示すように，<u>どの頂点に</u>
<u>も，4 つの正三角形が集まっている</u>ので，この正 f 面体の頂点の

　　　　　　　　　　条件 (Ⅱ)

　　　　 数 v を 4 倍したものが，重複を許して先に計算した頂点の数 $3f$
　　　　 と等しくなるはずだね。
　　　　 よって，$4v = 3f$

$\therefore v = \dfrac{3}{4} \cdot f$ …① が導ける。

(ii) 次に，辺の数 e と面の数 f の関係式を導いてみよう。

辺の数についても，重複を許して，これを求めてみると，1つの正三角形 (面) には 3 つの辺があるので，f 個の面全体で考えると，辺の数は，$3f$ 個になる。

また，図 1 から明らかに，<u>どの辺も 2 つの面の交線であるので，</u>

【条件 (I) より】

この正 f 面体の辺の数 e を 2 倍したものが，重複を許して先に計算した $3f$ と等しくなるはずだ。

よって，$2e = 3f$

$\therefore e = \dfrac{3}{2} \cdot f$ …② が導けるんだね。

(2) (1) の結果の①と②を，オイラーの多面体定理の公式：

$\underset{\boxed{\frac{3}{4}f}\ \boxed{\frac{3}{2}f}}{f + v - e = 2}$ …(*)′

【「メンテ代から 1000 円引いて，ニッコリ」に書き変えた】

に代入すると，

$$f + \dfrac{3}{4}f - \dfrac{3}{2}f = 2 \qquad \dfrac{1}{4}f = 2$$

$$\boxed{\left(1 + \dfrac{3}{4} - \dfrac{3}{2}\right)f = \dfrac{1}{4}f}$$

$\therefore f = 8$ が導けたんだね。 ← 【つまり，これは正八面体だったんだね。】

この問題は，初めから $f = 8$ となる予想はついていたんだけれど，このように重複を許して，頂点の数や辺の数を計算して，

$v = (f \text{ の式})$，$e = (f \text{ の式})$ を求める考え方が面白かったんだね。他の正多面体についても同様に計算できるから，やる気のある人は是非チャレンジしてみてくれ。

f 個の合同な面をもつ正 f 面体がある。この正 f 面体の頂点の個数 v と辺の数 e は，f によって，次のように表される。

$v = f^2 - 3f$ ……① $\qquad e = 3f - 6$ ……②

(1) f と v と e の値を求めよ。

(2) この正 f 面体の一辺の長さが 2 であるとき，この正 f 面体の表面積 S を求めよ。

---

(1) オイラーの多面体定理の公式：$f + v - e = 2$ ……(*) に，①，②を代入すると，f の 2 次方程式となるので，これを解けばいいんだね。(2) は，正 f 面体の表面積を求める問題だけれど，1 つの側面の多角形の面積を求めて，それに f をかければいいんだね。頑張ろう！

(1) 正 f 面体の頂点の数 v と，辺の数 e は，f によって，

$\quad v = f^2 - 3f$ ……① $\qquad e = 3f - 6$ ……② と表される。

ここで，オイラーの多面体定理の公式より，

$\quad f + v - e = 2$ ……(*) だね。

「メンテ代から千円引いて，ニッコリ」と覚えよう！
f v e 2

よって，①，②を (*) に代入してまとめると，

$f + f^2 - 3f - (3f - 6) = 2, \quad f^2 - 2f - 3f + 6 = 2$

$\quad\quad\underbrace{\qquad}_{v\,(①より)}\quad\underbrace{\qquad}_{e\,(②より)}$

$f^2 - 5f + 4 = 0$ ……③ となって，f の 2 次方程式となるんだね。

③を解くと，

$\quad (f-1)(f-4) = 0$ より，$f = 4$ ……④ （$f = 1$ は不適）

これから，この立体は正四面体である。

1 つの面だけで正多面体は作れないからね。

4 つの正三角形を表面にもつ正三角すいのことだ！

④を①に代入して，$v = 4^2 - 3 \cdot 4 = 16 - 12 = 4$

④を②に代入して，$e = 3 \cdot 4 - 6 = 12 - 6 = 6$

以上より，求める正 f 面体は，

面の数 $f = 4$，頂点の数 $v = 4$，辺の数 $e = 6$ の正四面体である。

(2) 一辺の長さが **2** の正四面体，すなわち **4** つの正三角形 (辺の長さ **2**) を側面にもつ正三角すいを，右図のように **O−ABC** とおく。

ここで，この正四面体 **O−ABC** の表面積を S とおくと，S は，

$S = 4 \times \triangle\text{OAB}$ ……⑤　となる。

> これは，三角形 **OAB** の面積を表している。

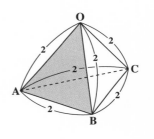

ここで，$\triangle\text{OAB} = \dfrac{\sqrt{3}}{4} \cdot 2^2 = \sqrt{3}$ ……⑥

となるのはいいね。

よって，⑥を⑤に代入して求める正四面体 **O−ABC** の表面積 S は，

$S = 4 \times \sqrt{3} = 4\sqrt{3}$　となって，答えだね。

これで，オイラーの多面体定理の利用の仕方にも自信がついたと思う。

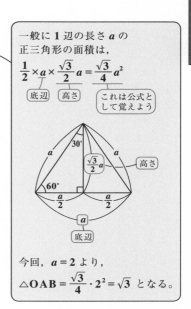

一般に **1** 辺の長さ a の正三角形の面積は，

$\dfrac{1}{2} \times a \times \dfrac{\sqrt{3}}{2}a = \dfrac{\sqrt{3}}{4}a^2$

底辺　高さ　これは公式として覚えよう

30°　a

$\dfrac{\sqrt{3}}{2}a$　高さ

60°

$\dfrac{a}{2}$　$\dfrac{a}{2}$

a

底辺

今回，$a = 2$ より，

$\triangle\text{OAB} = \dfrac{\sqrt{3}}{4} \cdot 2^2 = \sqrt{3}$ となる。

以上で，数学 **A** の講義はすべて終了です！みんな，よく頑張ったね。ここまで読み進めるのは大変だったろうと思う。**"場合の数と確率"**，**"整数の性質"**，そして **"図形の性質"** のどの分野をとっても，十分に手応えのある内容だったからね。今は，フ〜疲れた！って感じかな。疲れたんだったら，今は休んでも構わないよ。でも，しばらく休んで，また元気を回復したら，この講義を繰り返し読み直してみることだ。反復練習するごとに理解が更に深まっていることに気付くと思う。

　そして，この解説を見ないでも，すべての練習問題を，最初から最後まで，スラスラ自力で解けるようになるまで，実力を鍛えていって欲しい。この講義を通して，キミたちが楽しみながら数学力を大きく伸ばしていってくれることを心より願っている。

　キミたちのこれからの成長を楽しみにしながら，ここでペンを置きます…。

マセマ代表　馬場敬之

第3章 ● 図形の性質　公式エッセンス

1. 内角の2等分線と辺の比

△ABC の内角∠A の二等分線と辺 BC との交点を P とおき，また，AB = c，CA = b とおくと，

BP : PC = c : b となる。

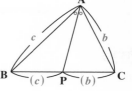

2. △ABC の重心 G

△ABC の重心 G は，3つの頂点 A, B, C から出る3本の中線の交点である。また，各中線は，重心 G により，右図のように 2 : 1 に内分される。

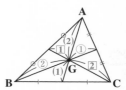

3. チェバの定理，メネラウスの定理： $\dfrac{②}{①} \times \dfrac{④}{③} \times \dfrac{⑥}{⑤} = 1$

（ⅰ）チェバの定理

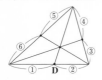

（ⅱ）メネラウスの定理

4. 接弦定理

弧 $\overset{\frown}{PQ}$ に対する円周角を θ とおくと，点 P における円の接線 PX と弦 PQ のなす角∠QPX は，θ と等しい。つまり，右図において

∠QPX = ∠PRQ

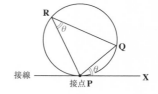

5. 方べきの定理

方べきの定理（Ⅰ）
$x \cdot y = z \cdot w$

方べきの定理（Ⅱ）
$x \cdot y = z \cdot w$

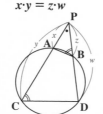

方べきの定理（Ⅲ）
$x \cdot y = z^2$

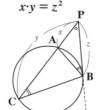

Term・Index

226

スバラシク面白いと評判の
初めから始める数学 A 改訂 8

マセマ

著　者　馬場 敬之
発行者　馬場 敬之
発行所　マセマ出版社
〒 332-0023 埼玉県川口市飯塚 3-7-21-502
TEL 048-253-1734　　FAX 048-253-1729
Email：info@mathema.jp
https://www.mathema.jp

校閲・校正　高杉 豊　秋野 麻里子　馬場 貴史
制作協力　久池井 茂　久池井 努　印藤 治
　　　　　滝本 隆　栄 瑠璃子　真下 久志
　　　　　川口 祐己　野村 直美　間宮 栄二　町田 朱美
カバーデザイン　児玉 篤　児玉 則子
ロゴデザイン　馬場 利貞
印刷所　中央精版印刷株式会社